智慧水利应用实践
城市水务防汛决策支持系统

Application Practice of Intelligent Water Conservancy
Decision-making Support System of Urban Water Flood Prevention

曾庆彬　苏腾飞　杨宗国　宋洪星　主编

江苏凤凰科学技术出版社 · 南京

图书在版编目（CIP）数据

智慧水利应用实践 ：城市水务防汛决策支持系统 ／
曾庆彬等主编. —— 南京 ：江苏凤凰科学技术出版社，
2024.5

ISBN 978-7-5713-4194-7

Ⅰ．①智… Ⅱ．①曾… Ⅲ．①决策支持系统－应用－
城市－防洪工程－研究－中国 Ⅳ．①TU998.4-39

中国国家版本馆CIP数据核字(2024)第029202号

智慧水利应用实践　　城市水务防汛决策支持系统

主　　　编	曾庆彬　苏腾飞　杨宗国　宋洪星	
项 目 策 划	凤凰空间/周明艳	
责 任 编 辑	赵　研　刘屹立	
特 约 编 辑	周明艳	

出 版 发 行	江苏凤凰科学技术出版社
出版社地址	南京市湖南路1号A楼，邮编：210009
出版社网址	http://www.pspress.cn
总 经 销	天津凤凰空间文化传媒有限公司
总经销网址	http://www.ifengspace.cn
印　　　刷	北京博海升彩色印刷有限公司

开　　　本	787 mm×1 092 mm　1/16
印　　　张	13
字　　　数	320 000
版　　　次	2024年5月第1版
印　　　次	2024年5月第1次印刷

标 准 书 号	ISBN 978-7-5713-4194-7
定　　　价	158.00元

图书如有印装质量问题，可随时向销售部调换（电话：022-87893668）。

编委会

前言

　　随着城市化进程的发展，城市规模越来越大，城市治理议题日趋复杂多元。为了解决复杂多变的城市治理问题，有关部门提出"智慧城市"这一概念，旨在通过智慧城市的物联网、云计算等新型信息技术的应用和面向知识社会的创新方法论的应用，为市民提供更便利的生活和服务，为企业创造更有利的商业发展环境，为政府提供更高效的运营与管理机制，创造更美好的城市生活。

　　城市防汛是城市治理的重要内容。极端天气的频繁出现，以及城市发展对城市地形、地貌及产流汇流条件的改变都对城市防洪提出了各种新的挑战。如何构建流域、区域、城市协同匹配的防洪排涝体系，提升城市在极端天气下对水灾害的风险应对能力，成为各级城市管理者都必须面对的迫切问题。城市防洪排涝大系统由排水管网、海绵城市、韧性城市等工程措施和防汛预案、防汛机制、防汛管理系统等非工程措施组成。

　　21世纪是信息化、智慧化的时代，城市水务防汛决策支持系统是智慧城市在防汛业务智慧管理上的具体体现，已日渐成为城市防汛管理的核心。随着城市防汛管理要素、管理需求、信息技术的不断发展，城市水务防汛决策支持系统的架构、关键技术、应用场景也在不断迭代变化中。这是一个漫长的过程，也是一个需要不断思考、与时俱进的过程。在这个过程中，深圳市水务科技发展有限公司作为一家从事智慧水利方面的专业公司，长期致力于城市水务防汛决策支持系统的建设，在城市水务防汛决策支持系统需求—设计—迭代的不断循环中，完成了深圳市三防决策支持系统等多项大型城市智慧防汛系统的设计和开发工作。《智慧水利应用实践　城市水务防汛决策支持系统》一书便是深圳市水务科技发展有限公司在城市智慧防汛系统方面的认知思考和多年实践的经验总结，希望本书对同行具有启发和借鉴意义。

本书分为9章。第1章为绪论，主要介绍智慧水务的发展现状和趋势、城市防汛管理中存在的问题，以及城市水务防汛决策支持系统需要利用的关键技术等。第2章为内在需求，主要从城市管理者的角度出发，从业务、功能、数据三个方面展开论述。第3章为总体框架，主要介绍城市水务防汛决策支持系统的总体架构、逻辑架构、数据架构、平台架构、技术路线。第4章为物联感知，主要从"天、空、地、人"四个维度介绍常用的信息采集技术及其典型应用。第5章为传输网络，主要从有线、无线两个方面介绍主流的信息传输技术及其应用场景。第6章为水务防汛云平台，主要介绍地理信息系统（GIS）云平台、物联网平台、视频云平台三个应用支撑平台。第7章为数字孪生平台，主要从数据底板、模型平台、水务防汛知识平台、数据共享交换等方面介绍大数据平台构成。第8章为业务系统建设，主要介绍业务系统的功能模块建设情况，包含一张图展示、预警信息、辅助决策等。第9章为信息安全，主要从建设依据、安全框架、通用安全防护体系、云计算安全防护体系、大数据安全防护体系三个方面介绍整个系统采取的安全防护措施。

由于作者水平有限，书中难免存在疏漏和不足之处，殷切期望有关专家和广大同行对此给予指正。

曾庆彬

目录

第 1 章

绪论

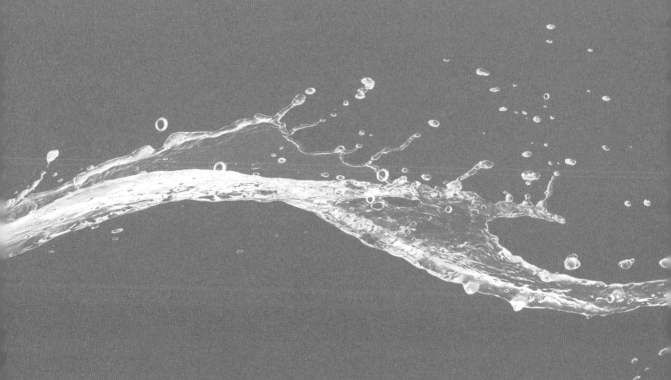

我国最早的洪水灾害记录可追溯到上古时期，西周中期青铜器遂公盨铭文中的"天命禹敷土，堕山浚川"，《山海经·海内经》中的"洪水滔天，鲧窃帝之息壤以堙洪水"，《孟子·滕文公》中的"当尧之时，天下犹为平。洪水横流，泛滥于天下""水逆行，泛滥于中国"等，都是对我国远古时期发生的大洪水的记载。从公元前 206 年汉朝建立到 1949 年中华人民共和国成立的 2155 年间，发生的重大洪水灾害就有 1029 次，几乎平均每两年就会发生一次水灾，造成巨大的经济损失和人员伤亡。

中华人民共和国成立后，较为严重的洪灾有：

① 1954 年，由于长江中下游梅雨期延长，且雨量大，长江中下游发生了近百年来的最大洪水。虽然得到足够重视，及时加高并巩固超过 3 万千米长的干支堤防，采取了建设安排分洪区、蓄洪垦区等一系列措施，但还是受灾严重，受灾人口达 1888 万人。

② 1963 年，海河流域的洪灾是海河南系（南运河、子牙河、大清河）少见的洪水，主要暴雨降水量达 700 ~ 1500 mm，暴雨中心河北省内丘县獐么村 7 天降雨量达 2050 mm。累计受灾人口达 2200 万人。

③ 1975 年 8 月 8 日，由于一场特大暴雨，河南省包括板桥水库、石漫滩水库在内的两座大型水库、两座中型水库、数十座小型水库和两个滞洪区在短短数小时内相继垮坝溃决，造成 1015 万人受灾，直接经济损失达近 100 亿元。

④ 1991 年，有 18 个省（自治区、直辖市）发生水灾，5 个省（自治区）发生严重水灾，最严重的是安徽和江苏。安徽全省受灾人口达 4800 多万人，江苏受灾人口达 4200 多万人。

⑤ 1998 年特大洪水，全国有 29 个省（自治区、直辖市）遭受了不同程度的洪涝灾害，受灾最严重的有江西、湖南、湖北、黑龙江。受灾人口总计 2.23 亿人，直接经济损失达 1660 亿元。

⑥ 2021 年 7 月，河南省郑州市遭遇特大暴雨，短短一小时降水量超过 200 mm，公路、隧道、地铁全部淹没，致使近 40 万郑州市民被紧急转移安置，超过 4.4 万公顷的农作物受灾，经济损失粗略估计超过 600 亿元。

不断发生的大洪水事件及洪涝灾害给我们的生产生活带来巨大的损失。伴随社会经济的发展变化，人们的工作生活逐渐向城市集中，城市发生洪涝灾害所造成的人民生命财产损失将会更为严重。因此，我们应该增强城市防汛意识，构建城市防洪排涝体系，形成城市防洪安全网，维护社会的可持续发展。

当前，我国发展进入了全面建设社会主义现代化国家的新阶段，社会主要矛盾发生了历史性变化。推动高质量发展是适应我国社会主要矛盾变化和全面建成小康社会、全面建设社会主义现代化国家的必然要求。对于防灾减灾，习近平总书记提出关于防灾减灾救灾"两个坚持""三个转变"的重要论述，即"坚持以防为主、防抗救相结合，坚持常态减灾和非常态救灾相统一""从注重灾后救助向注重灾前预防转变，从应对单一灾种向综合减灾转变，从减少灾害损失向减轻灾害风险转变"。对于水旱灾害防御中的"两个坚持"，水利部强调要突出强化"预报、预警、预演、预案"四项措施；加强实时雨水情信息的监测报送和分析研判，努力提高预报精准度、延长预见期；在应对洪水的过程中，要运用数字化、智慧化手段，强化水工程预报信息与调度运行信息的集成耦合，根据雨水情预报情况，对水库、河道、蓄滞洪区蓄泄情况进行模拟预演，为工程调度提供科学决策支持；要从水旱灾害防御开始推进智慧水利和数字流域建设。实行"三个转变"，需要立足防大汛、抗大洪、抢大险，健全完善应对大汛、大洪巨灾的能力准备、预案准备、机制准备和队伍准备，健全应急准备体系，运用好测绘地理信息、水文气象观测等资源，运用好互联网、云计算、大数据等新技术，大力推进水旱灾害防御业务信息化建设。

聚焦防范超标洪水、水库失事、山洪灾害"三大风险"，立足监测预报预警、水工程调度、抢险技术支撑三项职责，全力做好水旱灾害防御各项工作，密切监视滚动预测预报，科学精细实施水工程调度，完善机制做好山洪灾害防御，有力提供抢险技术支撑，强化暗访督查确保措施落实到位。通过精准预报、精细调度、科学防控，坚持以防为主，重点防范化解超标洪水、水库失事、山洪灾害"三大风险"。防范超标洪水需要提前编制重点防洪区域超标洪水防御预案，制定洪水防御"作战图"，确保一旦发生超标洪水能够有序应对。防范水库失事需要严格控制大中型水库汛限水位和调度运用监管，以推动实现"有人、有制度、有方案、有预案、有监测预报设备"，提升小型水库安全管理能力。防范山洪灾害，需要开展山洪灾害防御人员培训和演练，根据监测及时发布山洪灾害预警，指导基层地方政府按照"方向对、跑得快"的要领，组织做好人员转移避险，联合气象局及时发布山洪灾害气象预警，提供面向社会公众的预警服务，做到预警信息全覆盖。

1.1　智慧水务发展现状

当前国际上一些发达国家在智慧水务建设的不同层面取得了有效进展，国内智慧交通等行业走在了前面，对智慧水务的实践提供了宝贵的参考。经过多年持续推进，我国城市水务信息化建设取得了扎实的进展，为智慧水务建设推进奠定了坚实的基础，尤其是智慧水务建设所需要的基础设施资源，包括基础网络设施、数据汇聚中心、应用支撑平台的建立等，已由信息化相关政府部门牵头建设，初步形成体系，运行初见成效。

1.1.1　智慧水务的发展阶段

智慧水务的发展过程其实是水务行业信息化技术手段应用的发展历程。随着水务的业务变化和科学技术的发展，水务管理的思路不断创新，自动化和信息化技术在城市水务部门管理中的应用也日益深入和广泛，为我国城市水务信息化的进一步发展打下了良好的基础。大体来看，我国城市水务信息化的发展主要分为自动化、信息化、数字化和智慧化四个阶段。目前我国大多数城市水务部门的信息化建设正在从数字化阶段向智慧化阶段迈进。具体包括：

① 自动化阶段：在该阶段我国城市水务信息化主要侧重基础信息的自动化采集，逐步实现了阀门、泵站、生产工艺过程等的自动化操控，水质、水压和流量等涉水数据的测量水平得到大幅提升。

② 信息化阶段：完善各涉水企业信息化系统建设，实现科学合理的量化管理和运营。完善信息化数据建设，建立地理信息系统（GIS），以 GIS 为基础完善管网资产管理系统，完善数据采集与监视控制系统（SCADA）在线监测等。

③ 数字化阶段：在该阶段我国城市水务部门真正开展了信息化系统的建设。利用无线传感器网络、数据库技术和 3G 网络，相关水务部门相继建立了业务系统和数据库，大大提高了信息存储、查询和回溯的效率，初步实现了业务管理和行政办公的信息化。目前我国绝大部分城市水务信息化处于该阶段。数字化与信息化之间的最大差别在于数字化加强了各部门之间的数据融合，可以进行部门之间的数据共享交换，业务初步实现协同。

④ 智慧化阶段：在这一阶段我国城市水务部门成熟运用物联网、云计算、大数据和移动互联网等新一代信息技术，同时信息化系统通过数据挖掘、多维分析实现多源异构数据融合。水务智慧应用阶段，实现智慧供水、智慧防汛、智慧排水和智慧运行维护。

目前我国大多数城市水务正在经历数字化阶段，部分城市已从数字水务迈向智慧水务。

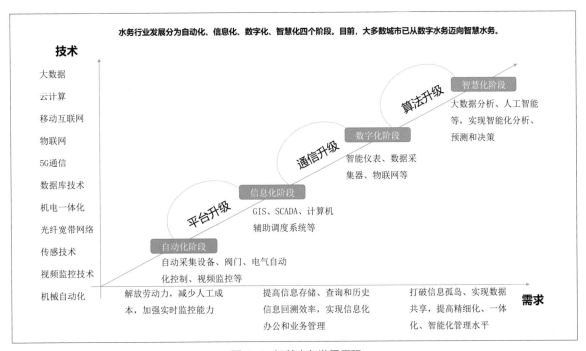

图 1-1　智慧水务发展历程

1.1.2　国外智慧水务的发展

1.1.2.1　美国智能水网建设

美国智能水网的概念于 2009 年 5 月提出。在初始发展阶段，主要由国际商业机器（IBM）、西门子、苏伊士等一些涉水事务及信息化技术的大型企业共同引领。IBM 公司将智能水网作为"智能地球"的重要组成部分，提出了智能水网的三个关键词：自动化、交互性、智能化。在美国，智能水网主要朝着四个方向发展：第一，基于先进的计量基础设施而建立的水管理系统（AMI）；第二，基于水资源管理设施和智能电网的优化能源使用方案；第三，水质和水量的联合检测平台；第四，水资源高效管理系统的构建。

得克萨斯蒸散发网络（Texas Evapotranspiration Network）项目是美国智能水网的一个典型项目。该项目得到美国联邦项目"格兰德河流域倡议"的部分支持，并由得克萨斯农工大学水资源所和得克萨斯州合作、教育、推广服务研究中心共同管理，受美国农业部文件约束。建立该网络系统最初的主要目的是促进美国西部干旱和半干旱地区的农业发展，后来扩展到支撑美国甚至全世界各类气候条件和区域状况下农业节水措施。该项目网站可以根据用户搜寻的信息进行操作，所提供的工具可以对水资源供需做出更好的决策，不仅满足美国国家水资源供需机构的需求，且服务于这些机构和个人的需求。该项目网站旨在提供农业节水专业技术信息，以及农业管理、政策和法律方面相关信息的获取，帮助建立相关机构之间的合作关系。此外，该网络系统为用户提供了与格维特（Gwytech）系统公司 ET 基础软件联合使用的天气应用，检索得克萨斯蒸散发网络提供的每日蒸散发数据和降水数据并用于 ET 基础软件，据此得出土壤水分的蒸散发损失和降水灌溉增加量。

1.1.2.2　新加坡智慧城市排水解决方案（智慧水务）

新加坡智慧城市排水解决方案（智慧水务）可以帮助运营人员监控排水和污水系统、雨洪管理，避免城市受合流制下水道溢流（CSO）的污染从而保护环境。该方案解决了三个层面的问题：监控、预测和动态管控。

新加坡智慧城市排水解决方案（智慧水务）帮助新加坡有效应对城市洪涝灾害的挑战，实现了防灾减灾的管理目标。该智慧水务系统根据天气预报和沿线安装的传感器收集的数据，为运营人员提供实时信息。通过分析这些数据，该智慧水务系统可以预测雨水管网内的水位和流量，为管理人员提供决策支持。

1）排水

将各种传感器和雷达整合到同一个平台，监测降雨实况，以全面了解地面情况。

使用水力模型、数据驱动模型（通过机器学习和深度学习的方式）等预测雨洪暴发，以优化对雨洪的响应能力。

2）水库管理

监测雨水、水位、传输器、闸门操作等，在一个仪表板上显示所有相关信息，提供全面概览。

使用水力模型预测洪水，为运营人员提供水库水源的资料，并可以实现与现有主要潮汐水平进行比较，优化管理。

通过实时操作方案向运营人员建议潮汐闸门和水泵的动态管控，在系统提供的决策支持下，运营管理人员做出最终决策。

3）水质

通过仪表板监测新加坡全国范围内的水质传感器和实验室数据。

使用水质模型、数据驱动模型（地理空间绘图）和质量平衡模型预测水库和水道的水质问题。

1.1.2.3　以色列国家水网工程项目

以色列是世界上闻名的缺水国家，水资源格局与生产力布局严重不匹配。为了实现水资源科学灵敏的实时调配，以色列于 1953—1964 年历时 11 年建成了全国输水系统，将北部加利利湖水从海平面以下 220 m，用两级泵站提水到海拔 152 m 处，再通过管道运向沿海和南部地区，成为以色列全国统一调配水资源的主动脉。

以全国输水系统为基础，以色列配套科学灵敏的水资源调配系统和高效节约用水系统，形成国家智能水网工程。国家智能水网工程建有 8 个遥控中心、6 个水质检测实验室，拥有集信息采集、传输、储存、处理、调度功能于一体的水资源统一调度系统，由计算机调度系统实时给出优化的供水方案，极大地改善了以色列的供水状况。

1.1.3　国内智慧水务的发展

1.1.3.1　北京市智慧水务发展

北京市政府多年来持续投入水务信息化建设。2013—2016 年为工程建设阶段，2017—2018 年逐步进入使用和运维阶段。由于北京水务信息采集建设起步较早、基础良好，现有站点覆盖率较高，已建成水文、水资源、水环境、供水、排水、防汛等各类信息采集系统，形成了一个覆盖全市的水务基础信息监测网络，自动采集率达 80%。截至 2022 年底，北京市共布设各类水文站点 2495 个，包括水文站 120 个、雨量站 245 个、水质监测站点 834 个、地下水水位监测站点 955 个、水生态监测站点 166 个、墒情监测站点 175 个。基于良好的信息采集网络和设施提供的翔实可靠的数据，北京市水务局下大力气推进数据的整合工作，经过几年的系统建设，在数据整合方面已经走在国内前列，水务数据资源已经建立了"集中分散"的方式管理。"集中"是指所有数据汇聚到局中心，服务于局机关各处室，核心业务系统的数据由局中心统一集中管理;"分散"是指针对各类业务管理需求采集的基础数据、加工处理后生成数据、统计分析的数据等,由各业务局属单位负责管理,主要涉及水管单位和防汛办、水文总站、节水中心等业务单位。为了加强数据管理,编制了统一的信息资源目录,搭建了高效的数据共享交换平台,平台上联水利部、水利部海河水利委员会、北京市经济和信息化局,中联北京市各委办,下联各局属单位(35个)、区县水务局(14个区),实现了各类数据的汇集、下发和共享。另外,构建了数据可视化管理平台,通过可视化手段对局中心全部数据资源及各关联关系进行展现,有哪些数据、数据的来源、数据存储在何处、如何申请使用等全部直观可视,一目了然。

2020年6月,北京市开展智慧水务及核心业务应用系统顶层设计。北京智慧水务的建设任务可以概括为"4511",即四大监测体系、五大控制体系、一个数据中心、一个应用体系。四大监测体系主要围绕防汛、水资源、水环境和水生态管理四类核心业务,完善水务监测体系。五大控制体系包括洪水控制体系、水源控制体系、供水控制体系、城市排水控制体系、生态河湖控制体系。一个数据中心指的是建设数据仓库,为分析、统计、决策等过程提供数据支撑和建设水信息基础平台,建立形式多样、使用灵活、方便快捷的资源共享服务系统,形成"一张图、一个库、一个平台"。一个应用体系即构建统一的业务应用体系,采用功能个性化定制的思想,水务应用系统实现通用和个性,以两种模块组装的方式来实现。北京智慧水务项目建成后,将实现北京水务控制自动化、管理协同化、决策科学化和服务主动化,为基层监控、业务管理、决策支持、公共服务提供全面、可靠、灵活、便捷的信息化支撑和保障。

1.1.3.2 南京市智慧水务建设

南京市智慧水务建设项目的建设内容包括:水位、工情、视频、管网等感知监测体系;视频监控平台、指挥调度平台等基础设施;数据中心应用集成、数据中心数据服务、数据库审计设备、核心交换机等。智慧水务建设带来了良好的经济与社会效益。

1)增强快速协同指挥能力,降低经济损失

智慧水务系统统一整合南京市各区水雨情与泵闸站的监测信息,并新增监测站点,提高指挥调度能力,加强水环境治理效果,增强对突发性事件和潜在危险的快速反应能力,降低经济损失。

2)优化资源共享应用,发挥投资效益

遵循集约共享的基本原则,南京智慧水务所有信息基础设施(包括采集、监控、通信网络、数据存储、计算、安全和机房等软硬件设施)基于南京市统一的云计算环境,按照资源共享的原则建设和应用。通过最大程度地共享水务行业内部信息资源和全市相关部门信息资源,实现资源优化配置,信息互联互通,处理按需协同,促进信息基础设施和应用系统效能最大化,挖掘已有成果的效益,充分发挥投资效益。

3)统一水务数据服务,减少重复投入

通过建立南京市统一的排水管网专业数据库,为领导决策、业务使用、公众知情提供统一的水务设施数据服务，可以为各行业提供水务管理的数据服务和分析决策服务。摸清排水管网设施状况，一方面可以减少水务设施的重复建设，另一方面可以加大水务信息的共享，产生良好的经济效益。

4）促进水务改革，保障南京市经济发展

内涝频繁、水资源供需矛盾、水务设施薄弱等是水务发展的主要问题。构建智慧水务系统，促进智慧水务的建设，提升水务信息化水平，加快水务现代化步伐，能够促进水务改革与发展，保障南京市经济发展。南京市水务局成立智慧水务建设推进机构，统筹智慧水务规划建设；强化市区联动，逐级分解责任，保障建设任务全面落实；推行共建共享，形成良好的建设成果及数据资源共享机制。

5）摸清排水设施状况，完善排水基础数据

进一步摸清南京市中心城区排水管网现状和排水设施现状，对水环境整治提升、消除劣 V 类水等均能提供准确、完善的基础数据，同时可为环境治理工程提供实时数据和分析决策数据，为南京市水环境治理提供信息化保障平台和服务平台。

6）完善立体感知体系建设，提高水务监管能力，减少水安全问题

完善立体感知体系，在现有基础上加强水位、工情、视频监控和排水干管水位监测，提供水务局对水务设施状态的感知能力和监管能力，有效加强对管网长期高水位运行、汛期泵闸站运行状态不明等问题的感知与预处理能力，减少污水冒溢、城市内涝等水安全问题对社会造成的影响。

1.1.3.3 深圳市智慧水务发展

深圳市水务局于 2018 年 6 月印发了《深圳市智慧水务总体方案》，方案按照深圳市智慧城市建设的总体部署，紧扣"六个一"的发展目标，提出了"一图全感知""一键知全局""一站全监控""一机通水务"等建设目标，通过构建智能感知、数据融合和智慧应用三大体系，实现涉水事务感知、监管及决策的全过程智能管控，推进水务业务与信息技术深度融合，深化大数据在水务工作中的创新应用，促进水治理体系和治理能力现代化。

《深圳市智慧水务一期工程》的建设内容包括物联感知、基础设施、大数据中心、应用系统、标准规范、信息安全等。其中物联感知对市管河流、水库、引水工程、水质净化厂、城市内涝点等重点区域部署 136 处水情采集点、33 处水质采集点、1149 处工情采集点、1136 处视频采集点；基础设施包括建设管控分中心，茅洲河流域和深圳河湾流域控制专网，重要河道、水库、水源工程视频接入网；大数据中心包括 1 个水务大数据中心、10 个应用支撑平台、2 套水务原理模型；应用系统包括安全监管管理系统、综合监测管理系统、流域综合调度系统、水源供水调度系统等 19 个业务应用系统；标准规范包括传输交换标准规范、数据存储标准规范、图示表达标准规范、产品服务标准规范、建设管理标准规范等；信息安全包括堡垒机、防火墙、密钥及证书、数据网闸等。

1.1.3.4　九江市智慧水务建设

　　九江市智慧水务平台项目以长江大保护试点九江市为目标，建设智慧水务平台，智慧水务平台项目建设内容包括水务业务应用软件、建筑信息模型（BIM）工程管理软件、监测网络体系、GIS 管网管理子系统、水力模型系统等。

　　九江市智慧水务整体实施思路以"一朵云""一张网""一张图""五中心""一本账"的"11151"总体框架（图1-2），在长江沿岸各城市生态环保信息化基础设施建设的统一规划下，在九江地区开展试点。在排水管网节点处布设自动化监测设备，组成监测感知一张网，通过 "GIS＋BIM" 技术构建数字孪生一张图。面向各级管理部门需求打造工程管理、智慧感知、水务应用、决策支持及展示宣传五大中心。创新管理思维模式，建设绩效指标考核体系，围绕长江大保护的核心目标在九江市开展示范应用。

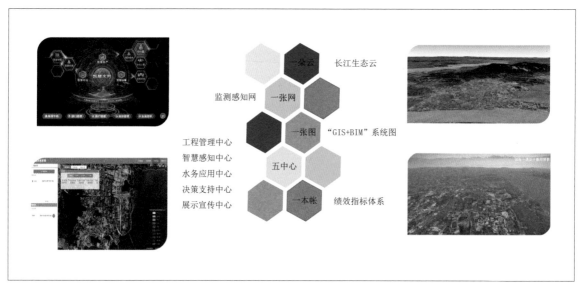

图 1-2　九江市智慧水务总体框架

　　九江市智慧水务平台设计了一系列智慧应用系统子系统，旨在实现城市排水系统精细化管理和水环境治理方式新突破。

　　①综合展示：基于"GIS＋BIM"技术，对水环境治理规划、水务设施建设、水务运营管理等几个方面进行可视化管理，打造综合展示一张图。

　　②智慧资产：在工程数字化的基础上，对设施资产进行智慧化应用。利用"GIS＋BIM"等信息技术，提供污水处理厂、地下管网、防洪排涝设施、监测设备等水务设施管理，以及相关的海量设施资料、空间等数据的管理、浏览、查询和空间分析功能，为城市水务设施的运行管理、模拟分析和联合调度提供翔实全面、不同尺度、不同显示模式的基础数据支持。

③智慧监测：通过接入在线监测数据对厂网河湖岸进行一体化监测，可及时发现设施运行中的突发状况，有助于事故快速预警、溯源与追踪，管理部门对排水事故的预警和处理能力得到提升。

④智慧决策：基于在线监测数据，通过水环境仿真建模，对污染源扩散、内涝、基础设施水容量等进行有效分析，形成智慧决策大脑，为管理者预测灾情、事故、突发事件所带来的后果，有助于管理者准确地进行决策与指挥。同时结合移动端应用，处理工作快速敏捷并协调有序。

⑤智慧评价：通过污水厂、管网、流域、排口的监测数据以及流域的遥感数据，进行数据分析和流域生态分析，对城区水环境系统治理工程实施成果进行综合评估，为工程运行的正常运行提供评价分析保障。

采用数字孪生技术构建的九江市智慧水务平台，实现了以下三个方面的新技术实践：第一，城市水务设施数字化。在九江试点开展期间，市政地下管网数据基于 GIS 技术，完成九江地区现状地下排水管线共计 453.258 km 的管网 GIS 建模，完成城市管网数据数字化。同时，导入 GIS 管网数据，自动形成三维管网模型，通过"GIS + BIM"技术融合，将管网及水务基础设施三维 BIM 模型导入实景数字环境中，在九江地区实现了基于"GIS + BIM"的水务设施数字化示范应用，为工程基础设施的运维管理提供基础数据调用及服务。第二，基于数字孪生技术的资产管理。在工程采集与设计初期，制定规范的数据采集模板、设计规范，通过标准的数据处理流程及数据质量检查，将设施设备基础信息与数字化模型通过编码进行挂接，形成数字孪生模型，实现不同类型和不同阶段的数据存储及管理，并在网页端完成模型轻量化转换，实现水务设施设备资产的可视化管理。第三，水力模型与三维实景融合打造数字孪生业务动态模拟。在九江，针对城市水务及水环境数据海量性、多类性、模糊性、时空过程性、动态更新频繁等特点，构建不同尺度的实时动态水动力模型，通过高性能计算集群完成模型多任务、多用户并发分布式实时计算，快速、精确地实现管网水力、地表漫流、河网河道、水质传递、水生态等各类模型的统一管理、统一分析与调用。同时，水动力模型根据监测或预报数据实时在线进行动态模拟计算，实现城市厂站网河联合调度、泵闸管网优化调度、城市内涝预测、管网江河水质传递计算等业务功能，并将水力模型与三维实景模型相结合，面向城市内涝业务，实现三维可视化的实景动态模拟。

1.1.4　智慧水务的未来发展方向

随着城市化进程的加快、经济的快速发展及人民生活水平的大幅度提升，人们对城市的各类水行政服务要求越发严格，同时水环境保护和内涝防治工作也对城市排水提出了更高的要求。采取何种合理、有效的管理模式，以改善城镇供排水服务质量、提高水资源的优化调度能力和供水安全性能，成为水务企业普遍面临的难题。智慧水务建设面临着从单一的数字化、信息系统建设向综合性的智能运营、辅助决策、统筹规划的转型难题。

对于智慧水务而言，需要进一步加强智慧水务基础设施建设，包括机房、数据中心等，提高公众信息服务水平，提高信息资源的整合利用水平，加强智慧水务规划和顶层设计，加强数据挖掘和分析，通过建设数据仓库和水务大数据中心提高安全应急信息化水平，扩展业务管理信息化，加强移动应用，使用统一、成熟的平台。

1.2　城市防汛管理中存在的问题

随着我国城市化的快速发展，以及城市小气候的改变和极端天气的频繁出现，加之长久以来城市建设"重地上、轻地下"，城市老旧地下市政基础设施更新改造不及时、不彻底等现象，我国城市防汛管理现状还不容乐观，具有很大的提升空间。

1）城市防洪工程标准有待提高

当前，我国城市防洪工程现行的标准规范是《城市防洪工程设计规范》（GB/T 50805—2012），其中对防护区保护人口大于 150 万、特别重要的防洪工程要求设计标准为：洪水大于或等于 200 年、内涝大于或等于 20 年、海潮大于或等于 200 年、山洪大于或等于 50 年。但由于我国城市发展速度较快，城区新建、老城区改造时防洪工程等基础设施没有同步完善，大部分城市的防洪工程未能达到上述标准。

2）城市河道被挤占严重、排水不畅

城市河道担负着城市排洪的重任，在城市发展过程中，部分河道由于被沿河单位和居民侵占、在河面上建房等原因，影响了河道行洪，导致城市容易出现内涝等现象，危及度汛安全。同时，由于在城市发展过程中建筑泥浆偷排、倾倒垃圾等造成河床淤积，导致河流过流面积减少，排水不畅，无法应对城市洪水的发生。

3）排水体系建设标准偏低

我国城市排水体系体制现有雨污分流和雨污合流两种。合流制排水体制是城市生活污水、工业废水和雨水汇集在同一条管道进行排放，由于排水管网建设标准偏低，城市的快速发展使得很多合流的管网即使在晴天时也是满管运行，遇到强降雨时由于无法通过排水管网进行排洪而造成地表径流，容易在城市低洼地区产生内涝。虽然各地经过近年来大强度的治水提质项目，对雨污合流情况进行了改善，但城市内涝等现象依然不断发生。

4）管理职责不明确

目前我国不少城市的防洪排涝管理职能分别由水利、城管、市政等多个部门共同承担，水利部门负责河流防洪，城管或市政部门负责城市内涝，而城市的防洪排涝管理是体系性系统，防洪与排涝的管理割裂容易造成各部门间职能交叉、权责不明的现象，从而影响整个防洪排涝工作的管理效果。另外，城市防洪是以流域为单元的工程体系，部分城市在建设时由于与周边地区没有明确划分管理范围与职责，防洪工程没有同步规划、同步建设，从而造成防洪体系不完整，影响城市防洪管理。

5）监测预警体系不完善

经过水利信息化多年的建设与发展，我国大部分城市都已建立了相当规模的水雨情监测站网，数字化、网格化气象预报在大城市已逐步建成，对容易造成大范围自然灾害的暴雨、台风等的监测预警能力得到提升。但大部分城市还存在监测点密度不够，监测预警信息不能及时共享，城市防洪风险综合分析模型没有建立或精度不够、实用性不强，城市监测预警与群测群防体系没有形成过程闭环等问题，影响了监测预警的效果。

6）城市防洪预案体系更新不及时

目前国内城市编制的防洪预案大部分以针对流域性洪水或外江洪水为主，随着国家河湖整治工程的不断完善，城市防洪的重点正在向防止城市地下空间、低洼地区、重要基础设施出现积水内涝转变。当前针对城市防洪新转变的应急预案体系还相当缺乏。已有城市防洪预案跟不上城市的发展，洪水风险图由于更新不及时对城市防洪指导作用不大。

1.3　信息系统在防汛减灾中的作用

1）水雨情、灾情信息实时监测预警

城市水务防汛决策支持系统通过物联感知体系的建设，构建支撑防汛减灾需要的水情、雨情、灾情、大坝安全等前端实时监测信息系统，实现对重要河流、水库、城市易涝点的水情、雨情信息，重要河流险工险段、水库大坝、城市积水等灾情信息的可知。通过预先设定水情、雨情预警阈值，在水情、雨情达到预警值时可自动进行预警。视频监控系统实现前端实时水情、灾情、救援抢险情况的可视。

2）防汛减灾信息快速汇聚

城市水务防汛决策支持系统的建立提供了各种防汛减灾信息快速汇聚的平台。防汛数据底板可汇集防汛管理需要的水库、河流、大坝、堤防、闸门、泵站、管网、防汛物资仓库、避险中心、数字高程模型（DEM）地形、滞洪区、泄洪区等基础数据和属性数据，水情、雨情、工情、大坝安全等实时监测数据，防汛减灾业务管理中产生的业务数据，以及其他部门共享的经济社会、生态环境、土地利用、气象、遥感等共享数据，防汛减灾信息的汇聚是防汛减灾业务管理、防汛决策、防汛调度的基础。

3）防汛减灾业务闭环管理

城市水务防汛决策支持系统的建立提供业务闭环管理的平台，决策信息发布后，要求责任人在完成工作部署的同时，反馈工作完成情况，落实专人跟踪各级预警信息闭环情况并定期通报，严格做到分级发布、逐级跟踪、限时闭环，确保预警信息传递发布到位。危险区、在建工程等重点对象的闭环率要达到100%。

1.4　智慧水务的关键技术

智慧水务的关键技术包括物联网、云计算、大数据、人工智能、数字孪生和移动互联网。

1）物联网

物联网技术在水务行业的应用可称为"水联网"，物联网有助于进一步提高水务信息化水平，提升水务数字化程度，更好地服务于城市供水、水生态环境保护与修复、防汛抗旱减灾及水资源管理等。在传感网方面，传感网络在我国水务行业广泛应用，涉及工程安全、防汛抗旱、水文水质、水土保持等各个方面，已初步形成从传感器到二次采集设备、网络设备、中心监控设备的研发、封装、测试、生产、应用和系统集成的完整产业链。

2）云计算

云计算是一种基于互联网的新型计算与服务范式，从技术层面上看，云计算基本功能的实现取决于数据的存储能力和分布式的计算能力两个关键因素。云计算技术可以为技术密集和问题复杂的水利行业提供一种全新的思路和方法。当前我国水务行业也开展了对云计算的研究和应用，并且取得了一些成果，比如基于云计算的防汛抗旱信息集成平台、基于云计算的水利工程视频监控系统等，但云计算数据规范、云计算安全等方面还有待进一步提高。

3）大数据

水务行业大数据具备了大数据特征，大数据技术与水务行业融合产生了水务大数据这一新的研究方向。传统的水务工程管理对象描述的数据多是孤立无序、缺乏群体性的，难以实现全面完整的系统认识，而水务大数据可以充分利用大数据的全样本描述、擅长规律分析和关联分析、快速实时处理等优势，面向治水业务需求，融合多来源、多类型、多尺度的水务数据，加以科学分类、优化管理、集成分析、高效利用。

4）人工智能

智能感知、数据挖掘、智能决策等人工智能技术在水利行业崭露头角。人工智能是研究、开发用于模拟、延伸和扩展人的智能的理论、方法、技术及应用系统的一门新的技术科学，主要研究内容包括机器感知、机器学习、机器思维和机器行为四大领域。目前水务行业开始尝试使用人工智能技术来提高水务现代化水平，从而进行更透彻的感知、更全面的互联互通以及更高层次的智能化。在防洪调度方面，人工智能技术应用最早，主要是进行洪水的智能预报以及优化调度等。在水务行业其他方面，人工智能技术也开始有所应用，比如基于人工神经网络的水污染趋势智能预测、基于模糊推理的大型水利机械智能故障诊断、基于智能机器人的水下大坝自动探测等。随着人工智能技术自身的发展，智慧水务对智能性要求不断提高。

5）数字孪生

水务数字孪生是充分利用精细化的物理水力模型、智能传感器数据、水务历史数据等，集成涉水的多学科、多要素、多尺度、多概率的仿真过程，在虚拟空间中完成对智慧水务系统的映射。水务数字孪生的全息复制、孪生交互、虚实迭代等特征的实现，首先依托于高质量的水务智能传感和通信技术，然后通过数据孪生技术建立水务数据中台、水务数字模型和水务大脑，并在虚拟空间中构建孪生水利，最后通过孪生的数据价值挖掘以及孪生交互实现物理水利的预报、预警、预演、预案，支撑水务各项业务的数字化运管。

6）移动互联网

移动互联网作为移动通信和互联网的结合体，是一种通过智能移动终端，采用移动无线通信方式获取业务和服务的新兴业态，包含终端、软件和应用三个层面。移动互联网可以克服水务行业在管理方面存在的空间、时间层面的阻碍，它是处理现场性、突发性、不确定性等水利日常工作的最佳解决方案。目前水务行业已经开始接受并逐步普及移动互联网技术，例如水务行业可以直接与 QQ、微信、其他 APP、网站和智能手机建立双向通信，以提高服务质量，提醒用户可能发生的洪涝灾害、旱情、雨情、水情、水质等情况。移动智能终端还可以直接作为信息获取的手段，进行河湖巡查、突发事件实时上报等，极大地提高信息传递的时效性和可靠性。

第 2 章

内在需求

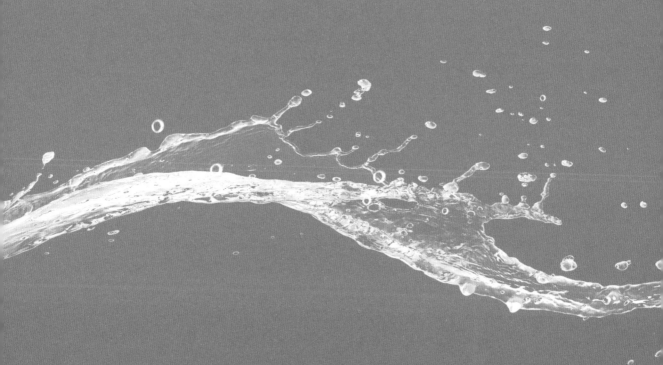

在城市水务防汛决策支持系统建设过程中，内在需求才是技术升级的原生动力。完善城市雨情、水情、汛情、灾情预报预警体系，提升防汛、抢险、救灾、预警"四预"能力，推进防洪治理体系和治理能力现代化，为构建和谐社会以及促进社会、经济、环境协调发展提供防洪安全保障，就是其内在需求，主要包括业务需求、功能需求以及数据需求。

2.1　业务需求

城市水务防汛决策支持系统的业务需求主要包括：

①通过与汛情遥测系统及气象、交通通信、海洋等计算机系统的联网，实时监测城市及周边影响地区的汛情和灾情，储存与汛情有关的各类资料。

②准确地预报或预估城市未来的雨情、水情、工情，及时发布汛情预警。

③对灾害造成的经济损失和社会影响采用合理的统计和评估方法，并可在灾前或灾中预估可能造成的灾害损失。

④提供最佳的调度方案和减灾措施。

⑤为城市最佳防汛规划方案的制订提供分析和检验手段。

⑥进行防汛办公自动化管理，减少防汛人员日常工作负担，提高防汛管理工作效率。

2.1.1　管理部门及其业务职能

水务行政管理部门主要为各级水务行政主管部门。

水务防汛部门主要负责落实综合防灾减灾规划相关要求，组织编制水旱灾害防治规划和防护标准并指导实施。水务防汛部门具体负责水情监测预警工作；组织编制重要河道、湖泊和重要水工程的防御洪水抗御旱灾调度方案和应急水量调度方案；承担防御洪水应急抢险的技术支撑工作；组织编制水旱防治规划和防护标准、河流的防御洪水调度方案及相关应急预案并组织实施；拟定防洪（潮）及内涝整治专项规划，提出工程项目建设需求；负责监督水务系统水旱灾害防御责任制的落实，指导台风、暴雨防御期间重要水工程调度工作；承担水库、水电站、拦河闸坝等工程的汛期调度运用计划、防汛应急预案的备案工作，并监督执行；承担收集水情、旱情信息和预警工作。

2.1.2 业务流程

城市水务防汛支持系统业务需求主要围绕防汛业务流程（图2-1）展开，包括事前监测预警、事发风险分析、事中指挥决策、事后灾情统计。在技术方面需要接入大量的数据接口到应用平台，做到业务协同办公。

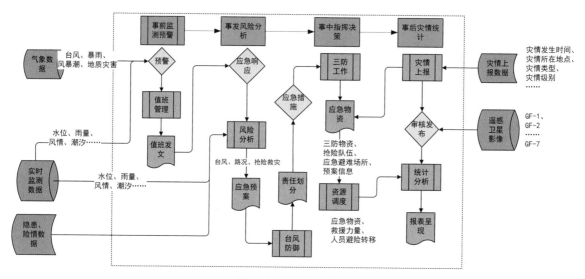

图2-1 防汛业务流程

2.1.3 系统应用需求

1）分析研判

作为防汛防洪决策的基础，信息数据的正确分析能够保证后续判断防汛态势和制订指挥调度方案的可靠性。在汛情发生时，能快速地收集和传送雨量、水量、工情等灾害信息，并准确预测、预报其发展趋势，通过分析，制订出响应方案，指挥调度抢险救灾工作，构建有效的城市防汛体系。结合 GIS 技术和雨量、水位、气象灾害等各种防汛资源，全方位支持防汛决策和指挥调度，使决策者能够准确迅速地做出可靠的防汛指挥调度方案和决策。

2）应急调度

在数字化场景中实现水务行政部门防洪重点区域的区域径流量过程模拟、防汛抗旱形势分析、水雨情监测趋势研判、调度预演评估方案优选推荐等防洪智能应用，实现基于数字孪生的浏览查询、水流演进、影响区域分析等功能，通过预报调度结果与数字孪生城市的实时交互，实现物理城市水利工程运行实时同步监测和精准调度。应急调度的主要功能包括雨水情信息监视查询、浏览综合分析，天气形势分析、气象数值预报、河湖水库点线面水情预报、强降雨过程和暴雨洪水预警及水情预警发布管理，旱情信息测报及监测评估、旱情分析及预警、淤地坝洪水预报，水文水力学洪水演进、预报调度一体化调度方案模拟推演、洪水影响风险评估、可视化仿真模拟，防洪预案查询、洪水风险图分析、流域水工程防灾联合调度方案等电子预案编制、水工程防灾联合调度方案优选。要有效提升水利管理部信息系统对各类防汛事件的应急能力。

3）决策支持

围绕防汛调度场景，实现数字化场景构建智慧化，仿、推、演精准化决策支持以及优化后的方案成果展示等功能，为相关预案提供决策支撑。

2.2　功能需求

2.2.1　基本功能

城市水务防汛决策系统功能主要包括一张图展示，包括预警信息、气象信息、实时监测、辅助决策、指挥协同、值班管理、综合查询以及系统管理 9 个功能模块，涵盖了事前、事发、事中、事后防汛业务应用体系。

2.2.1.1　可视化展示的需求

要想直观全面地掌握监测预警信息、满足指挥决策及调度协同等业务需求，需要具备对智慧三防信息数据集成、可视化展示的功能，包括一张图展示，将所有监测信息、基础地理信息、重点工程信息、遥感卫星影像等在一张图上展示，并可选择性地显示各类图层。同时为了使模型模拟的结果数据更加真实，还需依靠三维可视化立体展示各类监测站点以及重要数据统计报表，例如降雨、水位、台风路径等。

2.2.1.2　监测预警的需求

在水雨情密切监测及滚动预报的基础上，快速准确地将重点时段、重点部位的暴雨、山洪、内涝、洪水等短临预报预警直达责任人和受威胁群众，实现重要短临预警责任人点对点叫应，从而及时做好防范应对和转移避险准备，有效保障人民生命安全。同时实现基层上报的灾情接收，用户可及时获知各地实时灾情信息并形成文档及时报送相关业务部门。

2.2.1.3　信息安全的需求

信息作为一种资产，是企业进行正常商务运作和管理不可或缺的资源，也是企业财产和个人隐私等的重要载体。信息安全的重要性越加凸显，国家和各省市相继出台了相关法律法规、规章制度来保障信息安全。《信息系统安全等级保护基本要求》（GB/T 22239—2008）中对信息安全的基本技术要求包括物理安全、网络安全、主机系统安全、应用安全、数据安全 5 个方面，以及安全管理机构、安全管理制度、人员安全管理、系统建设管理、系统运维管理等管理要求。

2.2.2　辅助决策

辅助决策是指根据历史及实时降雨、水库河道实时监测水情数据进行相关模型分析，得到模型结果用以辅助水务防汛决策，是"四预"功能中预测的重要体现。

辅助决策的主要功能包括内涝风险区分析、台风影响分析、排水能力分析、溃坝淹没范围、决策调用系统等。内涝风险区分析：根据历史暴雨事件，通过历史暴雨数据（雨量、水位等）、历史内涝范围数据，基于 GIS 的地区地形地貌数据，运用数据分析，确定不同降雨强度情况下的内涝易发区范围，识别内涝高风险区、中风险区、低风险区、潜在风险区，并在系统中用不同色块显示。台风影响分析：根据历次台风数据，输入台风路径和风圈半径，利用 GIS 空间叠加分析出受影响的水务工程，点击某个水务工程，即可以图表形式显示水务工程的基本信息和图片、照片等。排水能力分析：根据水动力模型以及地形数据，耦合一维、二维数据，得到排水能力评估勾选图层显示中的排水能力，显示出市内的排水系统的分析情况，分为 5 类，即大于 5 年一遇、3~5 年一遇、2~3 年一遇、1~2 年一遇、小于 1 年一遇，其中不同排水能力的管网分别用不同颜色在系统中显示。溃坝淹没范围：利用大坝溃坝模型，在溃坝发生时，根据大坝溃口参数、流体力学、溃坝水力学算法等基本原理，计算水库水位下降与入库洪水演进过程、下游洪水的演进过程，得到下游预测地点的洪峰值到达时间及洪水流量变化过程等。根据地理信息系统中的空间数据和水文数据，利用洪水的重力流动特性及地理地貌的情况，模拟溃坝下游的洪水的淹没范围。勾选图层显示中的溃坝淹没范围，显示出水库溃坝后的淹没分析情况，在地图上显示大坝溃坝后的淹没范围、断面位置，以及堤坝口的溃坝淹没范围。决策调用系统：调用城市其他部门的预警调度平台相关分析内容，联动支撑水务防汛方面的调度，例如住建部门、规划部门、流域管理中心、气象海洋部门的决策支持或预警调度系统等。

2.2.3　协同指挥

协同指挥水务防汛涉及的人员、物资、事件，提供协同绘制的功能。

协同指挥的主要功能包括防御部署、指挥动态及抢险救灾。防御部署：按照城市相关灾害防御应急响应操作指令或规程，进行防御部署；按照响应类型、责任单位快速查询相应的应对措施和联合值守要求。具体可显示城市防汛指挥部的成员部门及单位，点击不同的成员单位后，可以用列表形式显示各成员单位不同响应级别的应对措施，同时支持搜索查询的功能。指挥动态：将每次防汛事件中收到的相关国家、省、市的文件和指令按事件顺序进行展示，具备按不同单位、时间检索的功能。同时将领导现场指挥决策的重要指令录入系统，并将现场处置反馈情况上传系统。抢险救灾：根据灾情或突发事件的定位、类型、影响范围快速匹配抢险队伍、应急物资和避险中心信息；根据事故发生地点一定影响半径汇总存在的抢险队伍、物资仓库及应急避难场所。

2.3　数据需求

数据需求主要分为基础数据、监测数据和业务数据。数据主要来源于应急管理局、规划与自然资源局、住房和建设局、水务局、气象局、海洋局、城市管理和综合执法局、公安局、统计局等数据资源。这些数据包括历史数据以及实时数据。

1）基础数据

基础空间数据：地形图数据，卫星影像图数据，行政区图层数据，道路、建筑物及水系数据，三维高程数据等。

专题数据：生命线专题数据、林业数据、港口码头数据、人口经济数据、在建工地数据、避难场所、超高层建筑、危险化学品企业、地下空间、危房、垃圾填埋场、防洪排涝工程。

2）监测数据

风情监测：风情遥测站的最大风速、风向数据实时报送，测站详细列表及运行状态。

潮情监测：验潮站的潮位预警、测站详细列表，以及运行状态。

水情监测：水库、河道、积涝点的水位预警，水库、河道、积涝点的水位测站详细列表，以及运行状态。

雨情监测：水库、河道、水文、气象、其他的降雨测站列表，以及实时雨量。

实时灾情：各类灾情记录，这些灾情按等级分为特急、紧急、一般，按性质分为水务类、地质类、内涝、危险边坡、建筑类、水库出险、河道海堤出险、市政类、海上灾情。

工程体系：防洪排涝工程，水库、河道、海堤数据，防洪排涝设施，排水泵站、水闸等工况运行数据。

视频数据：建设工程、重点路段、森林等监控的实时视频数据。

3）业务数据

业务办公数据：市防汛抗旱防风指挥部、应急管理局、水务局、气象局等各部门与三防业务相关工作人员信息、通信录等，以支撑三防概况和应急指挥调度。

模型分析数据：洪水预报、内涝风险分析、排水能力评估、溃坝淹没分析等各类模型模拟运行结果数据。

应急指挥调度数据：预案信息、调度信息、应急管理事件详情、防洪调度信息、防汛预案信息、防洪规划信息。

2.3.1　数据及数据源

2.3.1.1　数据

数据包括基础数据、监测数据、运行数据、模型预测数据、调度结果等。

基础数据：包括城市内水库、河流、排水管网、泵站、闸门、易涝点的基础数据等。

监测数据：包括水库、河流、排水管网、易涝点水情监测数据，泵站、闸门、箱涵运行工情监测数据，气象数据等。

运行数据：包括泵站、闸门、排水管网等排水设施的运行维护数据等。

模型预测数据：包括降水量预测、区域内涝预测、厂网河联合调度模型的计算结果、中间成果等。

调度结果：包括厂网河联合调度运行的结果数据等。

2.3.1.2　数据源

水务工程空间基础数据：包括水库、河湖等十大水务工程空间数据，水务工程空间基础数据都可从水利普查成果中得到或从各建设单位的设计文件和竣工文件中收集得到。

水库水情信息：从水行政主管部门现有信息中得到。

河道水情信息：通过共享水行政主管部门现有数据得到或从工程信息信息采集体系中得到。

水源地水量水质信息：部分信息通过水务部门、生态环境部门现有数据得到，其他的水源地水量水质信息需要从建设项目信息采集体系中得到。

河流水量水质信息：共享生态环境部门的信息。

截污箱涵水量水质信息：从建设项目信息采集体系中得到。

大坝安全监测信息：从建设项目信息采集体系中得到。

水务工程建设管理信息：通过水务工程建设单位上报得到。

水政执法信息：通过水政执法过程上报的信息得到。

视频监控信息：通过集成现有资源或从建设项目信息采集体系中得到。

其他信息：气象信息、经济社会信息、生态环境信息、国土资源信息等，通过水务部门共享其他单位的数据得到以下数据（表2-1）。

表 2-1　数据共享汇总（深圳）

序号	数据名称	数据来源
1	台风路径	气象局
2	卫星云图	气象局
3	雷达图像	气象局
4	降雨分布	气象局
5	潮汐预报	气象局
6	风速分布	气象局
7	暴雨信号	气象局
8	台风信号	气象局
9	降雨量	气象局
10	排洪预警	水务局
11	水库河道实时水位	水务局
12	积涝点实时水位	水务局
13	潮位实时水位	水务局
14	水务视频监控	水务局
15	大坝安全	水务局
16	溃坝淹没范围	水务局
17	水务工程信息	水务局
18	灾情信息	水务局、交通运输委员会
19	流域信息	水务局
20	深汕水务基础信息和监测信息	水务局
21	深圳河湾流域预警信息	水务局
22	避险中心	民政局
23	区域人口数据	民政局
24	三防物资	应急管理局
25	抢险队伍	应急管理局
26	三防预案	应急管理局
27	三防知识	应急管理局
28	三防通信录	应急管理局
29	行政区划	规划和自然资源局
30	道路	规划和自然资源局
31	地图接口	规划和自然资源局
32	生命线专题数据	规划和自然资源局
33	地质灾害专题数据	规划和自然资源局
34	海洋防灾减灾救灾辅助决策平台	规划和自然资源局
35	海洋环境预报系统展示平台	规划和自然资源局
36	地质灾害防治管理系统	规划和自然资源局
37	公安视频监控	公安局
38	在建工地监控	住房和建设局

2.3.2　数据评价

对所收集的水务数据进行数据质量评价，为数据复核和数据补充测量、数据共享提供基础，制定数据质量评价规则和数据质量评价工具，实现数据的自动评价。

数据质量的评价主要为有效控制数据增量、不断消灭数据存量服务。数据质量检查工具根据数据质量评价规则对每次收集整理录入的数据进行质量评价，对数据评价规则的每一项进行打分，然后得出数据质量的总分，并形成质量评价的定性结果。

2.3.3　数据整合

1）对内数据共享融合

①向防汛提供水务工程运行水文水质信息、工情信息、视频监测信息、本项目建设的水情采集信息。

②向电子政务系统提供公共服务上报审批信息、水政执法信息、水务工程建设监督信息。

③向水污染治理提供水文信息、水情信息、水量信息、水质信息。

④向水土保持管理提供水文信息、水情信息、水质信息、视频监控信息、水务工程建设过程信息、流域管理信息、库区管理信息。

⑤向上级部门提供水情信息、水量信息、水质信息、水务工程建设统计信息、河长制管理过程信息等。

2）对外数据共享

基于依托政务云建设的大数据中心，向交通、公安、发展改革、住房和建设、生态环境、统计等部门提供涉水信息，发挥其对国民经济发展的基础支撑作用，主要提供的数据见表2-2。

表2-2　数据共享汇总

序号	共享部门	共享数据	作用
1	交通	积水监测数据、水务工程建设数据、视频数据	指导市民交通出行
2	公安	视频数据	反恐安全
3	发展改革	水务工程建设数据	工程计划
4	住房和建设	水务工程建设数据	招标投标、建设过程监督
5	生态环境	水情数据、水质数据、水量数据、视频数据	进行生态环境、环境应急等建设
6	统计	水情、水量、水务工程、资产管理等统计数据	充实统计部门水务方面数据

续表 2-2

序号	共享部门	共享数据	作用
7	应急管理局	水情监测数据、三防应急数据、水环境应急数据	提供应急部门应急指挥综合考虑
8	规划	水务工程建设过程数据	提供其他规划参考
9	监察	水务工程建设过程数据、水政执法数据、河长制管理监督考核数据、流域管理监督考核数据、资产管理数据	提供监察过程参考、监督
10	电子政务	水务行政审批数据	行政过程、结果应用、监督
11	气象	水务部门建设的气象采集数据	提供气象部门预报、发布应用
12	其他部门	水务工程基础数据、水情监测数据、视频数据	提供其他部门开展业务参考

在进行数据共享时，需要遵循以下原则：

一致性：在数据分布存储和发布处理时，一致性原则是最重要的，数据分布不应该造成数据的不一致，数据一致性是通过自上而下的设计来实现和控制的。与环保等外部职能部门数据交换时，如果出现库表结构差异性的情况，需要考虑字段的对应，通过数据转换接口来完成数据交换，实现对数据使用者的透明。比如，在提供地图服务时，需要各种空间数据以统一的坐标系统进行提供；在利用移动应用平台地图服务时，需要移动 GIS 地图平台支持主流的商业地图。

可靠性：在数据分布系统中，要保证系统的某一部件失效时，其余部分仍能支持系统运行，要通过在不同地点存放冗余数据来保证可靠性。

高效性：通过合理的数据分类，使数据存放在其常用的地点，并建立数据同步复制和更新规则，以延长系统的响应时间。

可扩展性和灵活性：数据分布是集中和分散的统一。一方面，数据库建设提供了数据集中管理的方法，它通过集中管理实现数据共享，通过抽象实现数据的独立，给用户提供一个总的、聚合的、唯一的数据集合与统一的数据管理方法；另一方面，计算机网络是一个分散的系统，给数据的分布提供了条件和技术，并通过通信线路互连的计算机进行数据分布，以适应用户地域分散的需要。

第 3 章
总体架构

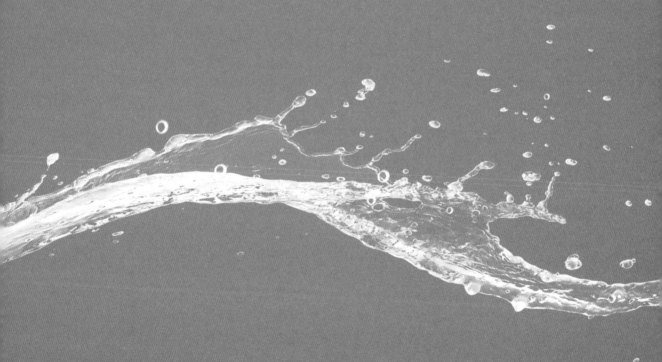

3.1　总体架构

城市水务防汛决策支持系统总体架构采用 "五横两纵" 架构，由物联感知层、传输网络层、数字孪生平台层、业务应用层和展示层五个层次，标准规范和信息安全两大体系组成。城市水务防汛决策支持系统总体架构如图 3-1 所示。

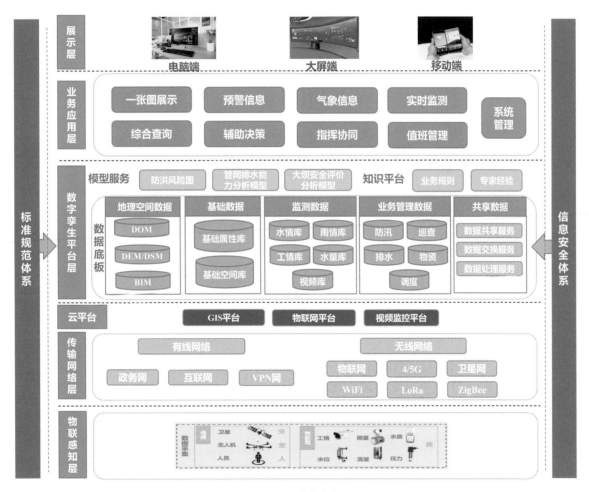

图 3-1　总体架构

3.1.1　物联感知

由"天、空、地、人"四位一体数据采集手段构成立体化、全要素的大感知体系，为业务应用提供数据支撑，包括水情、雨情、工情、图像、视频等数据。"天"是指通过天上卫星获取的遥感影像数据；"空"是指通过空中的无人机搭载设备获取的航拍影像数据；"地"是指通过部署在地面上的各类感知设备，包括无人船、无人潜水器搭载设备等获取的各类数据；"人"是指通过人工上报获取的各类数据、图像、视频等。通过四位一体的大物联感知，形成覆盖全市的智能感知监测体系，实现对城市防汛全过程、全要素数据的及时、全面、准确、稳定的监测、监视和监控。

3.1.2　传输网络

传输网络的功能是把物联感知层获取的数据回传到大数据平台，分为有线传输和无线传输两大类。有线网络目前主要用到的是属于城域网的政务网、互联网以及租赁运营商的虚拟专用网（Virtual Private Network，简称 VPN）。无线网络包括：卫星通信，运营商的 3G、4G、5G 通信网，物联网（Internet of Things，IoT），Wi-Fi、LoRa、ZigBee 等。通过有线、无线的通信网络组成一张融合、泛在的传输网络，为数据的传输提供可靠、稳定的隧道。

利用云平台数据安全保障能力好、弹性扩容能力强、数据处理能力高的特点，可以把一些基础的、数据量大的平台部署到云端，如 GIS 平台、物联网平台、视频监控平台等，以便快速处理大量数据，满足应用系统对实时数据分析的需求。

3.1.3　数字孪生平台

数字孪生平台主要由数据底板、模型服务、应用支撑构成。数字孪生平台各组成部分的功能与关联为：数据底板汇聚传输网络层传输的各类数据，处理后为模型服务提供数据来源；模型服务利用数据底板成果，以专业模型分析城市积水的要素变化、活动规律和相互关系，利用模拟仿真引擎模拟城市降雨产流、地面汇流、排水汇流、积水积涝的发展趋势；应用支撑汇集数据底板产生的相关数据、模型平台的分析计算结果，经引擎处理供服务业务应用。

数据底板主要由地理空间数据、基础数据、监测数据、业务管理数据、共享数据等内容组成。

1）地理空间数据

地理空间数据主要由全市范围内的数字正射影像图（Digital Orthophoto Map，DOM）、数字高程模型（Digital Elevation Model，DEM）、数字表面模型（Digital Surface Model，DSM）、倾斜摄影影像、建筑信息模型（Building Information Model，BIM）等数据构成。

2）基础数据

基础数据分为基础属性数据和基础空间数据。基础属性数据包括行政区划管理数据，各种建筑物、构筑物、河流、湖泊、水利工程基本信息数据，非设施类基本信息数据，组织机构数据，政策法规标准数据等。基础空间数据指各类空间数据资源，包括基础地理数据、水利工程数据、排水管网数据、影像数据等。

3）监测数据

监测数据分为实时监测数据和历史监测数据，包括雨量数据、水位数据、流量数据、工情数据、管网监测数据、安全监测数据、视频数据等。

4）业务管理数据

涉及城市防汛减灾业务的相关数据，包括水库管理、河道管理、排水管网管理、防御物资管理、指挥调度管理、日常巡查等数据。

5）共享数据

共享数据是与气象、交通、国土、人居、公安、海洋、应急指挥等各单位、部门获取和推送数据，包括：气象台的卫星云图、雷达图像、降雨分布、潮汐预报、风速分布等信息，国土信息里的空间信息、区域信息、建筑信息、地形信息、地貌信息、地物间的关系等各种数据，交委的交通数据、雪亮工程的视频图像，获取海洋局相关信息并与应急局的指挥中心进行配合等。

3.1.4　业务应用

业务应用覆盖了防汛减灾业务的各个方面，包括气象信息、实时监测、预警信息、辅助决策、指挥协同、值班管理等，满足水务防汛业务部门的业务需求。

3.1.5　展示

展示包括大屏端、电脑端、移动端等人机交互展示方式，丰富展现手段和内容。

3.1.6　标准规范体系

标准规范体系是根据国家、省、市等各级部门在智慧城市、智慧水务建设中发布的分类编码、传输交换类、数据资源类、数据存储、图示表达类、建设管理类、运行维护、水利工程智慧化等制定的标准规范，保障水务防汛的各个组成部分能够协调一致地工作，保障各类信息互联互通，以及保障整个系统的运行、维护规范、有序、高效地进行。

3.1.7 信息安全体系

信息安全体系按照国家等级保护2.0要求进行，包括安全物理环境、全通信网络、安全区域边界、安全计算环境以及安全建设管理等方面。

3.2 逻辑架构

城市水务防汛决策支持系统在逻辑上由数据源、大数据平台、应用系统、决策支持4个部分组成。

数据作为基础，主要分成5类（以深圳市为例）：

①地理空间数据：来自深圳市规划和自然资源局全市域时空信息平台（CIM平台）。

②基础数据：来自深圳市智慧城市建设的基础数据库，市水务局、各区水务局数据库等。

③监测数据：来自深圳市水务局、各区水务局建设的各类感知设备。

④业务管理数据：来自深圳市水务局、各区水务局、水管单位的各业务系统数据。

⑤共享数据：来自深圳市、各区的气象、交通、国土、人居、公安、海洋、应急管理等各单位数据库。

这5类数据，通过大数据平台进行汇聚、处理和分析，形成标准的数据结构，服务于上层的业务应用。模型服务则通过调用相关数据进行运算形成防汛决策数据，为决策指挥做好数据基础。

大数据平台依托政务云进行建设，包括由政务云提供的数据库软件、大数据治理工具、数据共享交换平台等数据支撑工具等。

应用系统也部署在电子政务云上，应用模块调用大数据平台的各种数据，业务处理中产生的业务数据也将回到大数据平台。

决策支持包括基于排水分区的城市内涝模型、管网排水能力模型、洪水风险图等，其数据由大数据平台提供，所产生的结果也回到大数据平台。

系统的逻辑架构如图3-2所示。

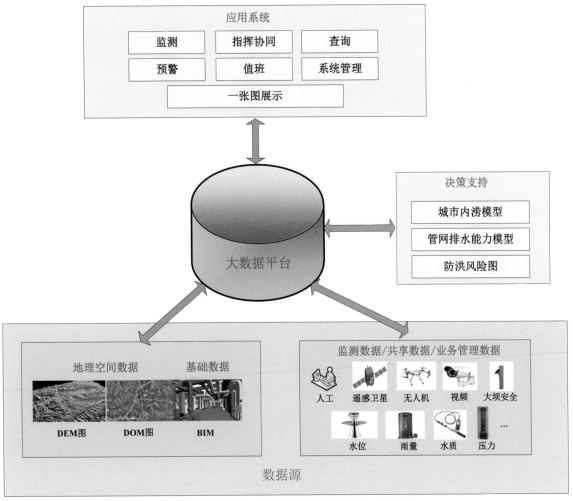

图 3-2　逻辑架构

3.3　数据架构

　　系统数据架构以水务大数据平台为核心，基于政务云对数据进行共享、融合、治理，支撑业务应用和大数据分析场景应用需求。数据架构如图 3-3 所示。

　　系统数据架构主要以大数据平台为核心，包括数据源、数据共享交换、大数据平台、数据治理融合、可视化、业务应用等方面内容。

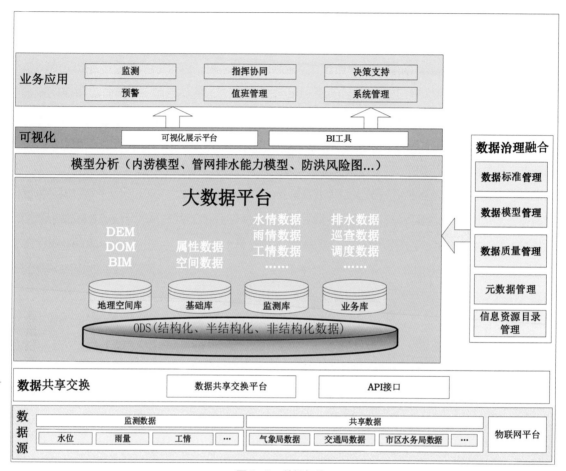

图 3-3　数据架构

1）数据源

数据源是大数据所要融合汇聚的数据源，包括物联网平台采集的感知采集数据、已有业务系统的相关数据、市区两级水务局数据、各横向单位共享的数据、互联网数据等。各数据源通过规范的集成格式统一进行归集和整合。

2）数据共享交换

数据共享交换体系包括数据共享交换平台和 API 接口，支持对各类型数据的采集、处理、交换，支持的数据类型包括结构化数据、非结构化数据和半结构化数据，格式包括消息、可扩展标记语言（XML）、对象简谱（JSON）、文件、视频、图片等。

3）大数据平台

大数据平台包括操作数据存储（ODS，也称贴源库）、数据湖、模型分析和可视化平台。

ODS 主要对采集的数据源和采集过程的管理，包括源端数据的采集、交换、汇聚、集成等内容，实现数据源、数据接口、采集任务、调度信息、消息等内容的管理，采集后的数据存储在贴源归集库。其中贴源归集库数据通过数据治理平台对数据的清洗、比对去重、标准化加工形成标准化数据，进一步通过梳理，形成标准化的数据信息，清洗和标准化处理的数据存储在各类型的数据库。

数据湖是大数据平台的核心，采用大规模并行处理（MPP）、Hadoop Database、HBase 等大数据技术进行构建，提供对各类结构化、非结构化数据的存储、管理、分析的能力。根据数据的不同特性，将数据库划分为地理空间库、基础库、监测库和业务库。基础库存储各类公共基础数据，包括属性数据、空间数据。监测库包括水情监测数据、工情监测数据、水量监测数据等，业务库则是根据不同的应用，分别构建的排水数据、巡查数据、调度数据等。

模型分析是利用大数据分析技术，结合各类大数据、人工智能等算法构建的水务模型，主要包括城市内涝模型、管网排水能力模型、洪水风险图等，为上层应用提供大数据决策支持能力。

可视化平台基于水务大数据，结合一张图、三维引擎、可视化、模拟仿真等技术，实现对不同场景下综合态势的可视化展现，具体包括城市内涝可视场景、排水管网排水能力可视场景、洪水风险图可视场景。

4）数据治理融合

数据治理融合对各类水务大数据提供治理管理的能力，包括数据标准管理、数据模型管理、数据质量管理、元数据管理和信息资源目录管理等，为大数据平台中各环节的数据治理提供支撑。

5）业务应用

业务应用根据防汛减灾管理需求进行构建，包括气象信息、实时监测、预警信息、辅助决策、指挥协同、值班管理等，其数据来源于大数据平台，产生的数据也存储于大数据平台。

3.4　平台架构

3.4.1　开发平台

城市水务防汛决策平台支持是基于 J2EE 体系结构和"模型 - 视图 - 控制器"框架（Model-View-Controller, MVC）进行设计，采用 B/S 模式进行开发。

开发服务器：Window Server

数据库：oracle 12C

开发语言：JAVA、T-SQL、FLEX

发布工具：tomcat

运行环境：IE8.0 及以上、Window XP 及以上

3.4.2　功能模块

城市水务防汛决策支持平台由一张图展示、气象信息、实时监测、预警信息、辅助决策、指挥协同、值班管理、系统管理 8 个功能模块构成，具体情况见图 3-4。

1）一张图展示

实现现状基础地理信息数据、实时监测数据、业务专题数据、重点区域重点关注数据等多源异构数据融合，分层实现二维、三维一体化浏览，统计分析，检索等功能，可与城市信息模型平台融合，形成 CIM

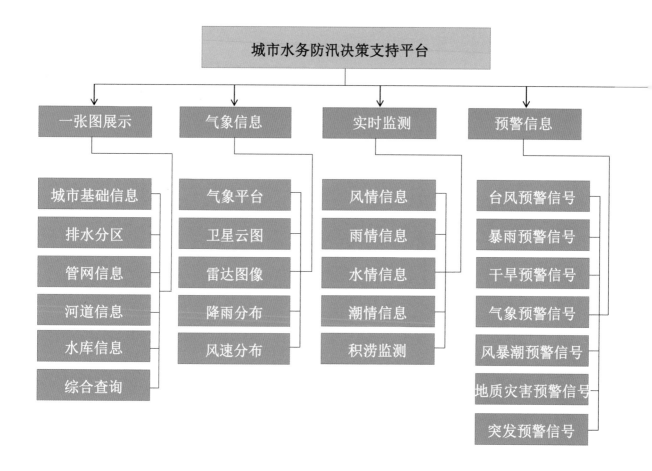

平台水务防汛一张图，为城市管理决策者提供可视化数据支撑。

2）气象信息

气象信息是水务防汛平台重要的外部数据来源，是水务防汛应急响应及处置的先置条件，数据来源为国家或当地城市气象局平台，为水务防汛系统提供气象预报、降雨估测、台风监测等数据。

3）实时监测

提供风情信息、雨情信息、水情信息、潮情信息、积涝监测等各类监测站点实时监测数据，并以图表形式在"一张图"上动态可视化展示。

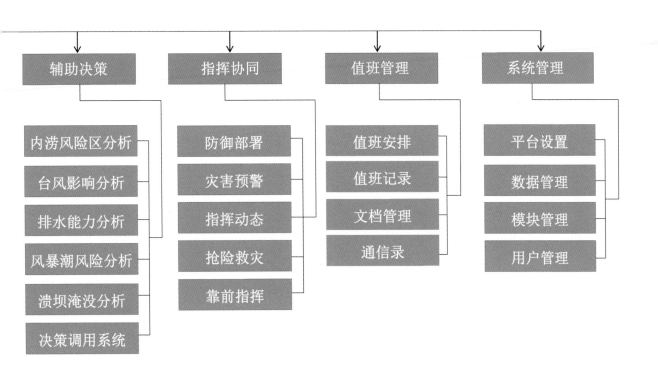

图 3-4　功能模块

4）预警信息

依据气象预报、台风预报及洪水预报，模拟预测和仿真分析入库洪水、河道洪水和内涝积水，实现暴雨预警、台风预警、风暴潮预警、山洪预警、积水预警等功能，是"四预"中"预警"的重要体现。

5）辅助决策

辅助决策是利用相关模型进行内涝风险区分析、台风影响分析、排水能力分析、风暴潮风险分析、溃坝淹没范围分析等，以及分析事件如果发生对周围的影响情况，为管理者的决策提供数据支撑，是"预案"启动的前提条件。

6）指挥协同

通过融合通信系统，打通不同厂家、不同制式、不同网系之间的各种通信工具的壁垒，实现多层级之间、多网系之间、多业务之间的交互，使指挥中心和各节点之间可无障碍地进行通信。

7）值班管理

可在系统上安排值班人员表，自动提醒值班人员。值班人员到达值班现场后，可通过手机等移动设备值班签到。自动生成台风、暴雨快讯，具有自动生成发文功能。对台风、暴雨灾情信息进行自动统计及关联处理，闭环管理。

8）系统管理

系统管理根据用户级别赋予用户不同功能，确保不同用户根据工作需求显示不同的数据以及功能菜单等，让用户体验不断优化。

3.5　技术路线

总结与归纳当前城市防汛现状及存在的问题，剖析行业内在需求，搭建水务防汛决策支持系统的总体架构、逻辑架构、数据架构等，技术路线如图 3-5 所示。

从低到高逐层介绍水务防汛决策支持系统的物联感知、传输网络、大数据平台、业务应用，并围绕洪水风险图、内涝模型等进行重点研究。

对水务防汛决策支持系统的信息安全部分进行阐述，贯穿数据生命周期的各阶段，包括数据采集、数据传输、数据存储、数据处理、数据交换、数据销毁。

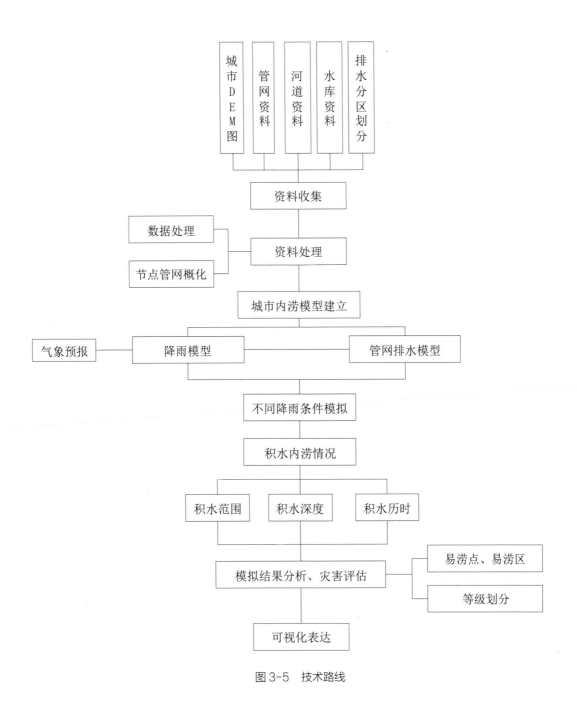

图 3-5　技术路线

第 4 章

物联感知

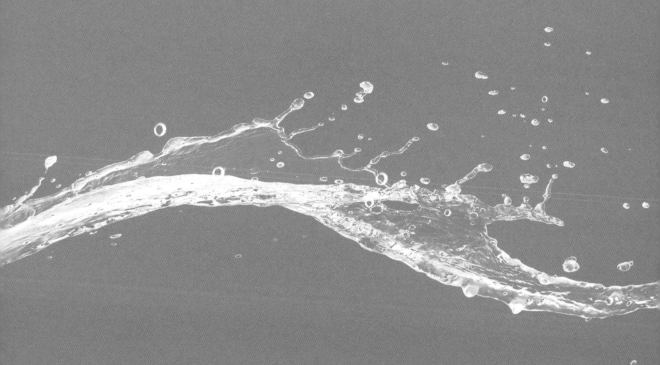

4.1 概述

充分利用物联网、卫星遥感、无人机、视频监控等技术和手段，构建天、空、地、人一体化物联感知体系，提高对河道、水库、水务设施和水务管理活动等的感知能力，实现水务管理的精细化和现代化。

①建设河流湖泊态势监测网：以水安全、水资源、水环境、水生态业务管理需求为导向，建设全市河流、湖泊、水库和地下水感知监测网，实现河流、湖泊、水库和地下水的水情和水质感知全覆盖，实现河流湖泊重点区域视频监控"无缝衔接"。

②建设水务设施运行感知网：以支撑水务设施运行、流域综合调度和水源供水调度为导向，建设覆盖全市原水管、大坝、堤防、闸门、泵站、溢洪道、水厂、供水管网、排水管网、水质净化厂等水务设施的运行感知网，实时掌握水务设施的水情、水质、工情和运行状态信息，实现水务设施重要节点视频监控全覆盖。

③建设水务管理活动监督网：以水务行业强监管和优服务为导向，实现对水旱灾害、水事矛盾、应急管理、安全生产、行政审批、水政执法等水务管理活动事件和河湖"四乱"、城市内涝、水土流失等水务管理活动现象的时间、地点、空间范围、状态、措施等要素的采集。

4.2 天

"天"指利用卫星遥感对区域生态系统进行宏观全局的监测，主要获取生态系统类型与结构、生态功能指标等数据与指标。主要卫星遥感生态监测是以美国航空航天局（NASA）的陆地卫星计划（Landsat）、欧洲航天局（ESA）的哨兵卫星（Sentinel）、日本宇宙航空研究开发机构（JAXA）的先进陆地观测卫星（ALOS）上的相控阵型 L 波段合成孔径雷达（PALSAR）、美国航空航天局的中分辨成像光谱仪（MODIS）以及中国的高分（Gaofen）系列卫星等为平台，利用可见光、红外、微波等探测仪器，通过摄影或扫描、信息感应、传输和处理，对大范围宏观环境质量和生态状况实施的遥感监测。具体而言，Landsat 的数据具有近 40 年的连续观测记录，且具有 30 m 的空间分辨率，能完整反映改革开放以来生态系统的年际变化过程。Sentinel-2 的数据具有更高的空间分辨率（能达到 10 m），能准确地刻画生态系统结构，更充分表达生态系统的空间细节；同时，Sentinel-2 的数据具有很高的重访周期（约 5 天），能捕捉植被的年内变化过程。MODIS 的数据具有较高的时间分辨率，能用以分析自 2000 年以来生态系统的宏观动态过程。Landsat、Sentinel-2 和 MODIS 的数据都是光学影像，易受云雨天气的影响，而Sentinel-1 和 PALSAR 的雷达数据具有全天时、全天候的特征，能克服云雨天气的影响。Sentinel-1和 PALSAR 的雷达观测在森林生态系统监测方面具有较大潜力，能监测出森林资源的动态变化。

在信息传递手段中，使用移动互联网较多，但移动互联网存在盲区，信号的时间滞后性较强。将温度、湿度、水文、风向、风速、降雨量等各种传感器监测到的气象水文信息，通过卫星通信系统的通信链路，传送到水利监控管理系统，通过中心 GIS 的基础数据库系统与专题数据库系统随时监测灾害发生的位置，并迅速做出救灾方案。利用卫星系统和系列水利监测型卫星终端设备实现多山地与水文预报信息的实时采集和传输，可大大提高灾情预报的准确性和及时性。特别是我国北斗卫星导航定位系统的全面使用，将对我国的智慧水利监控管理系统的应用起到巨大的推进作用，也是未来智慧水利监控管理的热点领域。

4.2.1 北斗卫星导航系统在智慧水务中的典型应用

4.2.1.1 应急测量

在抢险救援中，经常会遇到树木、河道、水工建筑物等环境的阻隔，传统测量仪器很难找到合适的测量点，工作量也比较大，影响测量的精确度和工程进度。

北斗卫星导航系统是我国自行研制的全球卫星导航系统，与美国全球定位系统（Global Positioning System，GPS）、俄罗斯格洛纳斯全球卫星导航系统（Global Navigation Satellite System，GLONASS）、欧盟伽利略全球卫星导航系统（Galileo Satellite Navigation System，GALILEO）一起构成了四大全球卫星导航系统。北斗卫星导航系统可对各种工程展开测量和定位，尤其是在水利工程测量中，相对于传统方式，具有操作简单、精度高、适用性强等优点，因此在应急测量运用上具有非常高的普及度和推广价值。

4.2.1.2 水雨情监测

在智慧水利建设过程中，水库、河流建设了很多水文自动测报系统，采用现代数字化科技手段实现对水库、湖泊、河道和水利工程的水文信息进行实时采集、传输、处理和水情预报等工作。

部分自动水文观测站选址较偏，常规通信（包括 GPRS、4G、5G、短波通信等）难以实现信号全覆盖，通信专线的建设又存在成本高、维护费用贵等缺点。自动水文站数据传输系统一般由一个水文监控中心和若干个野外无人值守观测站组成，数据传输方向为多个观测站的气象数据向一个监控中心传输的"多点对一点"的通信模式，其传输方式有主动自报式和交互查询式。主动自报式是指观测站按照一定的协议机制主动将采集到的气象数据上报至监控中心，而交互查询式则是以监控中心为主动方，观测站解析监控中心的指令，并做出响应。主动自报式应用的场合要求一次通信成功率高，而交互查询式则要求系统的通信资源相当丰富，并且通信费用低廉。根据水文监测对象的特点，正点上报、10 分钟雨量加报、水位加报等测报数据随着观测站数量的增长和天气情况的变化，形成不规则增长方式，1 分钟内可能会上报几百条数据。

对接收端的数据处理能力和通信链路有很高的要求。目前，通信成功率和通信费用是水文测报数据传输面临的两个主要问题。北斗卫星导航系统能够解决这两个问题。北斗卫星通信信号覆盖范围广、可靠性强。水文测站终端是在其后端设备的控制指令下发送数据报告的，它在收到后端设备的发送数据报告指令后，直接向卫星发送信息，其信道编码与调制方式为码分多址（CDMA）方式，利用冗余编码方法使得入站数量达到 200 站 / 秒，按照水利水文信息传输整点报的需求，以 10 分钟收集全部站点数据计算此类用户理论上可容纳 12 万测站用户，所以其信道容量极大，可以不考虑信道拥挤问题。目前支持北斗卫星通信的水文遥测设备远程测控终端（RTU）体积小、功耗低、设备维护简单且易于组网布设站点，硬件费用比较低。

4.2.1.3　水利设备监控

水利行业的发展越来越多地利用到信息技术，信息化设备投入日益增多。从雨量计到全要素气象仪，再到自动水文观测站等。由于水利工程自身的特点，这些信息化设备一般都安装在野外，分布范围广，无人值守。人工巡检工作量大、耗时，甚至有些地方很危险。水利设备监控需要一种远程自动化的方式，不受地形、通信限制，可实时操作。北斗卫星导航系统的"多点对一点"方式可以满足这种需求。

4.2.1.4　智能巡查系统

给水利管养人员配置北斗智能巡查终端，可以记录巡查人员的巡查轨迹及巡查签到功能，有效地对巡查人员进行管理和调配。

4.2.2　InSAR 变形监测技术

合成孔径雷达干涉测量（InSAR）技术是近来发展起来的空间对地观测技术，是传统的 SAR 遥感技术与射电天文干涉技术相结合的产物。它利用雷达向目标区域发射微波，然后接收目标反射的回波，得到同一目标区域成像的 SAR 复图像对，若复图像对之间存在相干条件，SAR 复图像对共轭相乘可以得到干涉图，根据干涉图的相位值，得出两次成像中微波的路程差，从而计算出目标地区的地形、地貌以及表面的微小变化，可用于数字高程模型建立、变形监测等。

近年来，由于具备高精度形变监测能力，星载 InSAR 技术得到了迅速发展。InSAR 技术属于非接触式测量的范畴，其形变测量基本原理如图 4-1 所示。在监测过程中，雷达置于卫星上，对目标场景进行照射，重访周期最高可达 1 天 / 次。在两次观测时间段内，如果目标点位置发生移动（ΔR），其对应的雷达信号相位数据同样会产生变化（$\Delta \varphi$）。对于 X 波段的雷达卫星，其相位变化量为 2π 时，对应目标点发生半个波长（1.56 cm）的变形量。

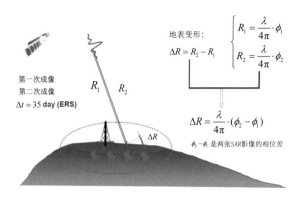

$$\Delta R = R_2 - R_1 \qquad \begin{cases} R_1 = \dfrac{\lambda}{4\pi} \cdot \phi_1 \\[2mm] R_2 = \dfrac{\lambda}{4\pi} \cdot \phi_2 \end{cases}$$

$$\Delta R = \frac{\lambda}{4\pi} \cdot (\phi_2 - \phi_1)$$

图 4-1　InSAR 变形检测技术原理

相比其他测量技术，星载 InSAR 技术有以下优点：

1）全天时全天候

星载合成孔径雷达是一种主动式传感器，通过采集地物对雷达发射的电磁波的后向散射信号，形成雷达影像。雷达所发射的微波信号能够穿透云层，因此其在夜晚、大雾、云和雨等条件下也能对目标进行形变监测，具备长时间连续工作的能力。

2）大范围监测能力

雷达影像的覆盖范围广，一般为几千米至几百千米，空间分辨率最高可达到 1 m。以高分辨率雷达卫星 COSMO-SkyMed 为例，一景条带模式下空间分辨率为 3 m 的标准影像范围为 40 km×40 km，可用于提取 1600 km² 范围内建筑物的变形信息。例如深圳市水库坝体、引水管线、河道、海堤等水务设施具有分布散、范围广、形变周期长等特点。针对上述特性，需要既能满足实现全市大范围区域监测的基本要求，又要具有足够的精度和快捷的周期来准确及时地发现可能出现灾害的重点区域。对地观测的 InSAR 技术则可充分满足这一监测需求。

3）近实时监测能力

雷达卫星平台的不断发展，使得拍摄能力越来越强，每月能对重点区域进行数次数据采集。以 COSMO-SkyMed 雷达卫星为例，该系统由四颗卫星组成，且轨道设计合理，该优势使得该系统在 1 个月内可对重点区域进行数次的拍摄，最短时间间隔可达 1 天，影像获取的时间点非常灵活。高重访周期与大影像覆盖面积，使得该系统能够高效地为水务设施形变监测提供雷达数据支持。此外，目前国际上雷达卫星平台逐渐丰富，较为成熟的有德国航空航天中心（DLR）的 X 频段陆地合成孔径雷达卫星 / 附加数字高程模型卫星（TerraSAR-X/TanDEM-X）、意大利航天局的地中海盆地观测小卫星星座系统（COSMO-SkyMed）、ALOS-2 以及 Sentinel-1 等。这些卫星平台的联合使用可极大地增大雷达卫星对地面目标的监测范围、提升监测频率。

4）非接触式测量

InSAR 在形变监测过程中不需预设地面监测标志，特别适合监测大坝、边坡、输水管线及设施、河道、海堤、填海区等大范围分布的目标。同时，InSAR 技术无需地面设施部署和人工投入，这可极大地减少人力成本和降低测量工作的危险系数。

综上所述，InSAR 技术在测量频率、测量尺度与测量精度上能够较好满足水务设施形变监测的普查要求，能为城市整体区域及单体建筑目标的安全监测提供技术手段，在智慧水利防汛中主要用于水库大坝、河堤的变形、沉降、滑坡等分析。

4.3　空

"空"主要指利用无人机遥感技术对重点区涉水域进行监测与评估。无人机遥感监测以无人机（Unmanned Aerial Vehicle，UAV）为平台，以图像传感器为载荷，能够实时、快速和准确地获取高分辨率的遥感影像。相对于卫星遥感，无人机遥感具有较高的时空分辨率，数据采集灵活，材料和运行成本较低。

常规地面监测和卫星遥感技术在灾害监测中已经发挥了巨大的作用，但是由于卫星遥感的时延性强和分辨率低等因素，对于灾害监测分辨率高、时间要求快的需求难以保障。而无人机作为一项空间数据获取的重要手段，具有影像实时传输、高危地区探测、成本低、高分辨率、机动灵活等优点，是卫星遥感的有力补充，也是对常规水利信息监测、突发水灾害应急监测的重要手段的补充。在水利领域采用无人机系统，可以使水利部门及时获取灾情的信息，了解灾害的发生发展情况并及时制定相应的对策，为最大程度地减轻灾害损失提供至关重要的帮助。

无人机用于水利监测的技术已经比较成熟，主要有水利工程监测、洪涝灾害监测、干旱缺水监测、水环境污染监测、河床河道监测、内陆湖泊及水库监测和农田灌溉监测等。

无人机系统在智慧水利中应用广泛，具有灵活便捷、快速反应、机动性强、视野广阔且能够在高危地区作业等优点。

4.3.1　无人机系统介绍

4.3.1.1　无人机的概念

无人机是一种由无线遥控设备或由程序控制操纵的无人驾驶飞行器。具体而言，它由动力驱动，能够通过无线电地面遥控飞行和（或）自主飞行，可重复使用。它与有人机的主要区别是无人驾驶，飞行过程由电子设备控制自动进行，飞机上无须安装任何与飞行员有关的设备，可以有效地节省和利用空间装载应用设备以完成赋予它的各种任务。无人机技术架构如图4-2所示。

4.3.1.2 无人机系统的组成

无人机系统主要包括飞机机体、飞控系统、数据链系统、发射回收系统、任务设备等。飞控系统又称为飞行管理与控制系统，相当于无人机系统的"心脏"部分，对无人机的稳定性和数据传输的可靠性、精确度、

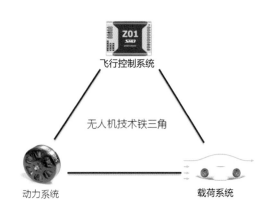

图4-2 无人机技术架构

实时性等都有重要影响，对其飞行性能起决定性的作用。数据链系统可以保证对遥控指令的准确传输，以及无人机接收、发送信息的实时性和可靠性，以保证信息反馈的及时有效性和顺利准确地完成任务。发射回收系统保证无人机顺利升空，以达到安全的高度和速度飞行，并在执行完任务后从天空安全回落到地面。任务设备是无人机执行相应任务时搭载的设备。但单纯依靠无人机本身是不能完成任何任务的，它需要一套严密的控制系统和根据任务需要搭载的应用设备，所以无人机也称为无人机系统。无人机系统组合如图4-3所示。

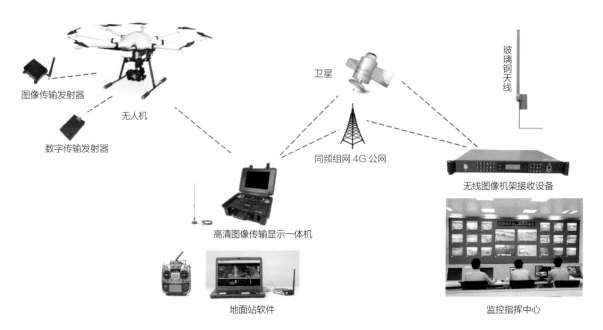

图4-3 无人机系统

4.3.1.3　无人机系统的应用方式

无人机拍摄的视频传输到地面站部分采用无中心同频方式传输，同时地面站高清一体机到基站部分也采用无中心同频组网方式传输，即基站主机、地面站高清一体机、无人机等均只使用同一频率，实现 IP 组网。

地面站高清一体机同时集成 4G 模块并提供标准网络接口，支持现有多种通信网络互通，例如 3G/4G、卫星信号、有线网络等。整套无人机系统具有覆盖范围广、使用方便、建设成本低、设备高度集成、音视频处理效果好等特点。

4.3.1.4　无人机系统的应用特点

无人机系统的应用包括以下特点：

①指挥中心支持同频组网和 4G 公网设备和图像共同接入管理。

②重点区域同频组网基站覆盖。

③临时突发区域通过便携或车载同频组网 +4G 公网接力传输，覆盖盲区，无基站覆盖区域采用卫星传输，将前端图像实时高清传输回指挥中心。

④对有基站覆盖区域支持多种技术自由切换传输。

⑤基站与基站之间高清图像无线传输距离不小于 30 km，无人机和通信车、临时指挥中心到基站的无线传输距离不小于 10 km。

4.3.2　典型应用

4.3.2.1　应急搜救

当发生洪涝灾害时，救灾第一要务是及时找到灾民的准确位置，由于灾后地区情形变化较大，而人群又比较分散，无人机可以打破空间的局限性，做出快速反应，进行大面积的救援搜索工作，从而节约大量的人力投入，且大大地提高搜救效率和范围。

在微光、夜暗、夜间搜救中，无人机可搭载红外夜视仪或热成像仪，即使在漆黑夜晚也能够快速锁定受灾人员位置，并通过对周围环境的探查，降低夜间救援的安全风险。在发现受灾人员且不方便马上施救的情况下，可利用无人机进行小型自救设备以及少量食物、饮用水的投放，以提升受困人员的生存能力，为救援争取时间。

4.3.2.2　应急 3D 建模

当洪水、溃坝、溃堤、泥石流等灾害发生时，地表情况相比之前会发生重大改变，无人机系统可以通过倾斜角相机快速获取灾后地理数据模型，让指挥中心直接准确了解到灾区的现状，为之后的救援提供指导和保障。

4.3.2.3　水质监测

近年来，水资源污染越来越严重。目前我国水质监测主要依靠人工监测和无人船监测。人工监测需要实地采样，周期很长且需要消耗大量人力物力。目前最新出现的水质监测船也有一定缺陷，如果水面受到严重污染或有大量漂浮物会使无人船受到阻碍和污染，但基于无人机技术的水质监测采样，较好地弥补了上述缺陷，且有助于水质监理的高效化和精确化，提高了水质监测的信息化水平，并最终达到水质监理监测自动化、信息化和现代化的目的。

应用无人机智能取水系统。通过无人机搭载，该套取水系统可轻松突破河流及地形限制，实现远距离定点定深取水，整个取水过程高度自动化，降低取水成本和潜在风险的同时，极大地提高取水作业的效率。

无人机搭载的无人机水质多参数检测仪，是为了快速进行水质检测而设计的一款无人机搭载的环境监测产品，通过配置多种智能型水质传感器，可以从容应对诸如河流、湖泊、海洋及地下水等多种水环境监测需求。

4.3.2.4　水文监测

通过大范围飞行快速巡查，第一时间掌握水利资源调查信息，掌握地面水资源用地信息以及水利资源调查成果，地面工作站根据实时航拍监控数据可以清晰分析水文数据的实时动态。

无人机可搭载流速流量计，进行水体流速的测量。当无人机飞到水面上空时，将携带的流速流量计深入到水面以下 3 m 左右处，进行水流速度测量，且测量的数据均会存储在流速流量计中，等待几分钟，数据测量稳定后，可令无人机飞回，地面人员通过存储的数据进行查看。

4.4　地

"地"是指利用地面观测技术和样方调查，对既定区域内气象、水文、水利设施等方面进行精准监测，也包括地面调查与采样。可利用气象站监测区域气候条件、极端天气以及气象与农业灾害，利用水文站监测流域的水资源状况。

4.4.1　主要监测要素

4.4.1.1　雨量

雨量计（或称量雨计、测雨计），是一种气象部门和水文部门用来测量一段时间内某地区降水量的仪器。根据工作原理，常见的雨量计有如下几种类型：

①翻斗式雨量计：分为感应器和记录器两部分，其间用电缆连接。感应器用翻斗测量，它是用中隔板间开的两个完全对称的三角形容器，中隔板可绕水平轴转动，从而使两侧容器轮流接水。当一侧容器装满一定量雨水时（0.1 或 0.2 mm），由于重心外移而翻转，将水倒出，随着降雨持续，将使翻斗左右翻转，接触开关将翻斗翻转次数变成电信号，送到记录器，在累积计数器和自记钟上读出降水资料。

优点：翻斗式雨量计靠的是"翻斗"翻动记录降水，结构简易，而且完全依赖于机械动作，稳定性好。

缺点：翻斗式雨量计无法记录细小的微量降雨，而对于大雨、暴雨和大暴雨其误差值随着降雨强度而增加，究其原因是由于它的翻斗反应速度不够快造成的，此时所测得的降雨量明显偏小，有时误差值甚至高达 40%。

翻斗式雨量计适用于人工、遥测等方式的连续降雨观测，结合加热装置或不冻液等，也用于降雪量的监测。

②虹吸式雨量计：虹吸式雨量计是自动记录液态降水物的数量、强度变化和起止时间的仪器。它由承雨器、虹吸、自记笔和外壳 4 个部分组成。在承雨器下有一浮子室，室内装一浮子与上面的自记笔尖相连。雨水流入筒内，浮子随之上升，同时带动浮子杆上的自记笔上抬，在转动钟筒的自记纸上绘出一条随时间变化的降水量上升曲线。当浮子室内的水位达到虹吸管的顶部时，虹吸管便将浮子室内的雨水在短时间内迅速排出而完成一次虹吸。虹吸一次，雨量为 10 mm。如果降水现象继续，则重复上述过程。最后可以看出一次降水过程的强度变化、起止时间，并算出降水量。

优点：结构简单、安装使用方便且能自动记录，使观测员可以随时了解自然降水情况。

缺点：排空时的降水会造成误差，容易发生故障，在使用中必须加强维护。

③称重式雨量器：利用电子秤称出容器内收集的降水重量，然后换算为降雨量。这种仪器利用一个弹簧装置或一个重量平衡系统，将储水器连同其中积存的降水的总重量做连续记录。所有降水（包括固体和液体形式）在其降落时就记录下来，这种雨量计通常没有自动倒水的装置，其容积（在倒水前的最大蓄积量）相当于量程，从 150 mm 到 750 mm。

优点：对于固体降水在记录前不要求融化，因此特别适用于记录雪、冰雹、雨夹雪等固态降水量。

缺点：无法区分降水形态，不能提供发生降水的准确时间，容易受风抽吸的影响。

④声波式雨量计：基本原理是利用声波的反射特性，通过测得波的传播时间及速度计算雨量计中集水器的水位变幅，通过标定和换算得出雨量数据。其中根据声波的波长可以分为超声波和可闻声波，能够测量自然界的降雨量并将其转换为数字信号通过开关或串口输出，以满足信息传输、处理、记录及显示的需要，主要用于水文、水利、气象、科研等部门对降雨量的观测。

声波式雨量计用于接收雨水的承雨器连接有集水器，承雨器与集水器之间的管路上设进水控制阀，集水器底部通过管路连接有出水控制阀。在测量雨量时，可通过进水控制阀和出水控制阀控制进水与出水，循环往复，可实现连续的降雨量监测，从而解决了暴雨时翻斗翻转不及时的问题。

声波式雨量计具有更高测量精度，适用于更大雨强范围，是暴雨地区进行实时降雨量监测的前沿技术。

4.4.1.2　水位要素

水位计是能够自动测定并记录河流、湖泊和灌渠等水体的水位的仪器。在实际应用中，根据项目工程规模、形式、发展需求和应用位置的不同，对水位计的选择也不同，常见的水位计有如下几种类型：

①浮子式：其原理是由浮子感应水位的升降。有用机械方式直接使浮子传动记录结构的普通水位计，有把浮子提供的转角量转换成增量电脉冲或二进制编码脉冲作远距离传输的电传、数传水位计，还有用微型浮子和许多干簧管组成的数字传感水位计等。应用较广的是机械式水位计。应用浮子式水位计需有测井设备，只适合岸坡稳定、河床冲淤很小的低含沙量河段使用。

②超声波式：为反射式水位计的一种，应用声波遇到不同介质界面反射的原理来测定水位。可分为气介式和水介式两类。气介式是以空气为声波的传播介质，换能器置于水面上方，由水面反射声波，根据回波时间可计算并显示出水位。仪器不接触水体，完全摆脱水中泥沙，减轻流速冲击和水草等不利因素的影响。水介式是将换能器安装在河底，向水面发射声波。声波在水介质中传播速度高，距离大，也不需要建测井。两类水位计均可用电缆传输至室内显示或储存记录。

优点：非接触测量，不受水体污染，不破坏水流结构；不需建造测井，节省土建投资；精度符合规范要求。

缺点：即使是气介式超声波水位计仍然受温度影响，有温漂。此外水面漂浮物甚至降雨等因素都会影响测量精度。

在安装时要注意：安装支架将探头延伸到能测的最低水位点；超声波发射有 5°～7° 的发散角，应保证在此角度内没有遮挡物。

适用范围：适用于江河、湖泊、水库、河口、渠道、船闸及各种水工建筑物处水位测量。不适宜边坡太缓、受风浪影响大或者水面漂浮物多的地方。

③雷达波式：雷达液位计是利用超高频电磁波经天线向被探测的液面发射，当电磁波碰到液面后反射回来，仪表检测出发射波及回波的时差，从而计算出液面的高度。被测介质导电性越好或介电常数越大，回波信号的反射效果就越好。

雷达液位计主要由发射和接收装置、信号处理器、天线、操作面板、显示等部分组成。发射—反射—接收是雷达液位计工作的基本原理。它分为时差式和频差式。

安装时的注意事项：

第一，选择安装地点时，应避免漂浮物的影响。雷达波会把漂浮物误认为水面，使得测量结果是探头到漂浮物的距离。

第二，选择安装位置时，要保证雷达波全部覆盖到水面，应避免低水位、河床淤积、主槽摆动等导致雷达波覆盖到地面的情况。雷达波无法识别水面和地面，测到地面时，依然报告水位数据。

第三，探头安装要尽量保持水平。当高度超过 10 m 时，探头水平偏差 3°，引入的水位误差达 15 mm。

适用范围：河流水位、明渠水位自动监测，水库坝前、坝下尾水水位监测，调压塔（井）水位监测，潮位自动监测系统，城市供水、排污水位监测系统等。不适用于边坡太缓、受风浪影响大或者水面漂浮物多的地方。

④气泡式：自然空气通过空气过滤器过滤、净化后，进入气泵。空气经气泵压缩，产生气压，通过单向阀快速流向气室，气体分两路分别向压力控制单元中的压力传感器和通入水下的通气管中扩散。当气泵停止工作时，单向阀闭合，水下通气管口被气体封住，从而形成了一个密闭的连接压力传感器和水下通气管口的空腔。根据气体分子动力论可知，密闭的气体容器内各处的压强相等，气管底部承受的压强与压力控制单元的传感器处压强相等，用此压强减去大气压强，即可得到水的净压力，通过一系列的换算和修正便可得出测量的水位。

特点：无需建井，吹气测量。与压阻式水位计相比，将压力传感器移到了水上，只需水下和岸上仪器之间安装一根专用电缆或通气管即可，免去水下恶劣环境的影响，安装维修方便。

适用范围：不便建井或建井费用昂贵的地区。由于传感器不直接与水体接触，特别适用于水体污染严重和腐蚀性强的工业废水等场合。国外应用气泡式水位计较普遍。

⑤压力式：它的工作原理是测量水压力，推算水位。其特点是不需建静水测井，可以将传感器固定在河底，用引压管消除大气压力，从而直接测得水位。压力式水位计有两类：一类为气泡型，在引压管中不断输气，用自动调节的压力天平将水压力转换成机械转角量，从而带动记录机构；另一类为电测型，它应用固态压阻器件做传感器，可直接将水压力转变成电压模量或频率量输出，用导线传输至岸上进行处理和记录。

优点：第一，测量精度高（毫米级），量程大（可达 300 m 以上，可定制量程）；第二，安装方便，直接将传感器放入水中，节省土建开支；第三，设备成本相对较低；第四，适用于城市供排水、污水处理、地下水、水库、河道、海洋等水位监测领域。

缺点：第一，压力探头会受泥沙及杂物堵塞，使精度受影响；第二，浸入式测量，受水质影响，具有腐蚀性的水质不好测量。

⑥电子式：电子水尺是新一代数字式传感器，利用水的微弱导电性原理测量电极的水位获取数据，其误差不会受环境因素影响，只取决于电极间距。可长期连续自动检测水位，适用于江河、湖泊、水库、水电站、灌区及输水等水利工程，以及自来水、城市污水处理、城市道路积水等市政工程水位的监测。

⑦图像水位识别：近年来由于视频采集技术及 AI 技术的发展，出现了基于视频识别的水位测量技术。

基本原理：通过摄像头获取含有"水尺"的视频，从视频流中实时截取"水尺"图像，对图像进行边缘检测、灰度拉伸、二值化等一系列处理后，剥离出刻度线，然后进行变换识别并计算出刻度线的数量，从而导出水位值。

基于视频图像的水位数据获取主要靠软件实现，具有量测精度高、设备简单、维护方便等特点。

4.4.1.3 流量

自动化流量测验仪器应该能够在无人值守或者无人操作的情况下，长期自动工作，自动测量能转换为流量的有关数据，而所得到的流量数据应该能够达到准确度要求。常见的流量自动测量的仪器有以下几种：

1）声学多普勒流量在线监测（ADCP）

（1）测流原理

声学多普勒测流传感器是根据声波频率在声源移向观察者时变高，而在声源远离观察者时变低的多普勒频移原理测量水体流速的，每个换能器既是发射器又是接收器。每个换能器发射某一固定频率的声波，然后接收被水体中颗粒物（例如泥沙、气泡等漂浮物）散射回来的声波。假定水体中颗粒物与水体流速相同，当颗粒物的移动方向接近换能器时，换能器接收到的回波频率比发射频率高；当颗粒物的移动方向背离换能器时，换能器接收到的回波频率比发射频率低，发射频率与回波频率存在差值，这个差值就是多普勒频移，由此计算出流速大小：

$$v = f_d \cdot c / 2f_\delta \qquad (4-1)$$

式中： v ——水流速度（m/s）；

f_d ——声波的多普勒频移（kHz）；

c ——声波在水中的传播速度（m/s）；

f_δ ——回波频率（kHz）。

（2）安装方式

声学多普勒测流是目前在线测流最成熟可靠的测流方案之一，通常用于断面资料丰富的天然河道或形状规则、易于建模的人工渠道。根据安装方式的不同，可将 ADCP 分为水平式、底座式、垂直式。

①水平式 ADCP：通过水平方式安装在河流或渠道侧边，测得 1 个水层的流速分布，得到断面代表流速，通过率定关系换算得到断面平均流速，结合已知的大断面资料得到过水面积，计算得到实时流量。此安装方法常用于天然河道或断面稳定易于建模的人工渠道。

水平式 ADCP 可以固定安装在河岸或渠壁的基座上，也可以安装在桥墩或其他建筑物的侧壁上。只要选择位置适当、安装牢固、调试及时，一般都能达到满意的效果。在长期项目实践过程中，根据不同的安装断面实际情况，因地制宜使用。

②底座式 ADCP：通过座底的方式安装在河流或渠道底部，测得 1 条垂线的流速分布，得到断面代表流速，通过率定关系换算得到断面平均流速，结合已知的大断面资料得到过水面积，计算得到实时流量。此安装方法常用于规整的人工渠道。

③垂直式 ADCP：通过将 ADCP 安装在浮标上，固定投放于代表垂线，得到断面代表流速，通过率定关系换算得到断面平均流速，结合已知的大断面资料得到过水面积，计算得到实时流量。此安装方法常用于大江大河等河流，不适用于暴涨暴落以及漂浮物太多的河流。

2）定点雷达测流

（1）测流原理

雷达测流传感器也是根据多普勒频移原理测量水体流速的，雷达探头既是发射器又是接收器。探头发射某一固定频率的雷达波，然后接收被水体表面起伏散射回来的雷达波。假定水体表面起伏与水体表面流速相同，当水体表面起伏的移动方向接近探头时，探头接收到的回波频率比发射频率高；当水体表面起伏的移动方向背离探头时，探头接收到的回波频率比发射频率低，发射频率与回波频率存在差值，差值确定：

$$f_d = 2f_\delta(v/c) \tag{4-2}$$

式中：f_d——声学多普勒频移（kHz）；

$\quad\quad f_\delta$——回波频率（kHz）；

$\quad\quad v$——颗粒物沿声束方向的移动速度（m/s）；

$\quad\quad c$——声波在水中的传播速度（m/s）。

采用指标流速法进行水道断面流量自动监测，指标流速法的本质是由局部流速推算断面平均流速。可采用单点流速或多点流速，垂线平均流速或水平平均流速作为指标流速。

为了得到断面平均流速与指标流速的关系，可以采用走航式声学多普勒剖面仪或流速仪等设备测出指定断面的流量和面积，从而推算出断面平均流速。这种同步采样需要在不同的流量或水位情况下进行，得到一组断面平均流速与指标流速以及水位的数据。对数据进行回归分析（如采用最小二乘法）或点绘相关图，即可以得到 V 与 V_{sl} 的回归方程或关系曲线。回归方程的一般形式为：

$$V = f(V_{sl}) \tag{4-3}$$

式中：V——断面平均流速（m/s）；

$\quad\quad V_{sl}$——指标流速（m/s）。

水道断面流量计算的一般公式为：

$$Q = AV \tag{4-4}$$

式中：Q——流量（m³/s）；

A——过水断面面积（m²）；

V——断面平均流速（m/s）。

一般地，稳定河段的断面平均流速V与某一指标流速V_{sl}，和水位H有关，即$V = f(H, V_{sl})$。

雷达测流传感器由流速传感器与水位传感器构成，可以对河流表面流速和水位实现实时测量，通过流量在线监测智能管理平台上内置的表面流速和断面平均流速关系，将表面流速实时转换为断面平均流速，而水位数据则通过平台内置的大断面图，根据水位面积法实时计算出过水断面面积，然后将断面平均流速乘以过水断面面积，即可实时计算出流量。

（2）安装方式

雷达流量测流系统为非接触式流量测量系统，即便是当河流发生洪水的时候，仍然能够提供连续的流速与流量数据，同时不存在任何人员、设备的安全风险，这对抗灾抢险具有重要的意义。一般有悬臂式安装、缆道式安装、桥梁式安装三种形式。

①悬臂式安装：在现有水文站房基础上安装悬臂支架，便于后期运营维护，建设施工成本较低。

②缆道式安装：安装在缆道铅鱼上进行测流。根据远程控制雷达探头，采集不同垂线流速，结合大断面数据计算流量。

③桥梁式安装：安装于现有桥梁上，便于线缆、流量测算与无线传输系统的安装施工，测流精度高，便于后期运营维护，建设施工成本较低。

3）侧扫雷达测流系统

（1）测流原理

侧扫雷达是利用目标对电磁波的反射（或散射）现象来发现目标并测定其位置和速度等信息的。雷达利用接收回波与发射波的时间差来测定距离，利用电波传播的多普勒效应来测量目标的运动速度，并利用目标回波在各天线通道上幅度或相位的差异来判别其方向。

侧扫雷达河流流速（流量）监测技术还用到另外一项理论——Bragg散射理论，即当雷达电磁波与其波长一半的水波作用时，同一波列不同位置的后向回波在相位上差异值为2π或2π的整数倍，因而产生增强性Bragg后向散射。

（2）安装方式

①雷达覆盖范围：为了获得最大的雷达探测区域，雷达站最好选在地理位置相对较高的位置，天线前方应该视野开阔，没有物体或树木遮挡。为了获得矢量流场，至少需要两台雷达以不同的视角探测同一河面，两个雷达站的直线距离约为河流宽度的60%，它们的探测视角在共同覆盖海区形成的夹角越接近90°越好。

②天线的近场效应：不管接收天线还是发射天线，以天线为中心，一个波长距离内（0.44 m）的区

域都算是近场。近场内不能有任何凸出的金属物体，否则会成为天线的组成部分，将会影响天线的方向图，而且使天线之间产生严重的耦合，从而破坏雷达的正常工作。超过两个波长距离以外的物体则无关紧要，除非它们的尺寸很大（例如 5 m 高的电线杆）。

③天线选址的基本要求：在确定天线基地时以下情况是应该极力避免的。

一是天线和河面之间有金属护栏或其他金属障碍物；

二是在天线附近有高于天线的建筑物、金属杆或电线杆，或者它们在离天线 5 m 之内；

三是在天线附近 5 m 之内有树林，这种尤其会影响接收效果；

四是天线和河面之间距离超过 20 m；

五是附近（5 m 内）有其他气象设备和天线且位置很高；

六是附近有明显的干扰源，例如电台或发射机、雷达天线、重工业工厂、发电站、高压变压器、从顶上横过的输电线等。

4）超声波时差法测流系统

（1）测流原理

超声波时差法测流是一种间接的测量方法，即在连续测量水流速度和水位后，通过公式 $Q=AV$（A 为过水断面面积，V 为断面平均流速）计算出流量。按流动方向对角地安装一对换能器。声波在静水中传播时，有一个恒定的速度，因为同时间存在水流速度的影响，在顺水传播时两波长叠加，故实际速度大于声速；逆水传播时，两波长消减，故实际速度小于声速。通过超声波时差法流速仪器测得顺、逆流方向的传输时间，在测量距离固定的情况下便可算出测线平均流速，故称为"时差法"，这是目前测量平均流速最精准的方法。为了确定传播时间，超声波传感器接收方波信号（正弦波）形式的声信号。然后，传感器将通过河道发送的这些信号转变为声波群。最后，对该波群的传播时间进行测量。

（2）安装方式

超声波时差法测流系统测量方法主要有单声路、交叉声路、多层声路等，故而可适用于各种深浅、宽窄、含沙或流态复杂的河流。其换能器安装在河流底部，常用的三种安装方式有栈桥式安装、固定式安装（水泥墩）和固定支架安装。

栈桥式安装。换能器安装导轨固定在测流台的立柱上，导轨顶部设置手动升降牵引机构以便于调节换能器安装高度。测流主机及供电设备安装在测流台内。

固定式安装（水泥墩）。换能器安装固定在水泥墩侧壁上。测流主机及供电设备安装在岸边固定机箱内，并根据实地情况设计土建施工方案。

固定支架安装。换能器安装导轨固定在断面岸边河床侧壁之上，导轨顶部设置手动升降牵引机构以便于调节换能器安装高度。测流主机及供电设备安装在岸边固定机箱内，并根据实地情况设计土建施工方案。

5）视频在线流量监测系统

视频在线流量监测系统是以河流水面的植物碎片、泡沫、细小波纹等天然漂浮物及水面模式作为水流示踪物，认为示踪物的运动状态即代表被测水面二维流场中局部流体的运动状态，称为大尺度粒子图像测速（LSPIV）。

4.4.1.4 视频

视频监控系统在水利行业已得到广泛应用，在抗洪救灾、水文分析、水利工程建设和管理方面发挥着重要作用。通过视频监控系统，工作人员可在集成控制中心实时监控各个水利设施的情况，实时观测到水资源的现状，大大提高了工作效率。在抗洪救灾时刻，通过本系统可实现远程观测和指挥，特别是对于一些由于恶劣气候条件而导致人员难以到达的地区，该系统具有不可替代的重要作用。迄今为止，绝大多数电站已经实现自动化控制，部分已经实现"无人值班，少人值守"。

智能视频监控（IVS）是利用计算机视觉技术对视频信号进行处理、分析和理解，在不需要人为干预的情况下，通过对序列图像自动分析对监控场景中的变化进行定位、识别和跟踪，并在此基础上分析和判断目标的行为。若发生异常情况可及时发出警报或提供有用信息，有效地协助安全人员处理危机，并最大限度地降低误报和漏报现象。例如水库智能化管理、周界入侵检测等就是智能视频监控在水利安防中的应用。

在现有的视频监控系统中，对突发事件和关注点主要依赖人工检查和分析，容易出现漏判和误判，同时系统数据越来越庞大，大大增加了水利部门工作人员的分析和处理工作量，从而影响了系统的应用效率。现在有一些安防系统平台已经进行了智能分析的尝试，例如标尺刻度分析、闸门开启状态分析、禁止游泳区域警戒线分析等。智能视频检测监控技术在未来的水利应用发展中将有广阔的前景。利用智能识别和检测，大大提高安防人员的工作效率是大势所趋。

（1）水库智能化的管理

监测水库蓄水水位，与水利数据库联动——通过安装视频监控系统，工作人员可实时监测水库蓄水水位，通过系统中的标尺刻度分析、水位警戒线分析等将水位报警和视频联动结合起来；监测的同时，与水利数据库进行结合和联动，实时掌握雨水情、坝体工情等信息，便于领导和工作人员及时判断、快速决策，这一应用对于抗洪救灾的快速和科学决策发挥着显著的促进作用。

（2）闸门状态监控

视频监控系统与闸门群控技术配套使用，实时监视闸门运转和水流控制情况，保证闸门的正常开启运转。操作人员不可能时时刻刻守在监视器屏幕前盯着异常情况的发生，这就需要智能视频分析的帮助，通过对规则的设定，一旦泄洪闸门附近出现有人入侵、徘徊、滞留、放置危险物品、破坏闸门等异常情况，会立即报警，并通过语音对讲联动，进行语音通报。

（3）周界入侵检测

利用视频监控系统设置虚拟警戒区监视桥头堡的安全状况、水库和坝区等周界安防情况，判别人员入侵并与报警系统联动。实时监控水库的溢洪道等地方，保证泄流的安全进行。

（4）河道实时的监控

通过安装视频监控系统，能及时了解上下游河流的水文情况、雨水情况、堤坝情况，防止决堤漫堤等灾害事故的发生。监测水面是否清洁，河道内水草是否及时清理，若有石油泄露、水面垃圾堆积时进行分析和报警，从而保证河道畅通、水质清洁。监控河道沿线重要地段的工程情况、安全状况，防止对水利设施的破坏。与水文监测仪等设备配合使用，可以远程监控水文监测仪的直观视频图像等。

4.4.2　控制要素

4.4.2.1　闸门泵站自动化控制系统

闸门泵站自动化控制系统均采用可编程控制器、工业控制计算机、控制网络、现场控制总线、现场控制设备、服务器构成控制管理系统。整个自动化控制系统分为三层：第一层为现场自动化层（各闸门的现场控制站、各泵站的现场控制站、各橡胶坝现场控制站），主要由可编程逻辑控制器、检测仪表、电控设备等组成；第二层为中心控制管理层（各泵站、各闸门中控层），主要由工程师工作站、服务器、输入输出设备等组成；第三层为集中调度层（集中调度中心），主要由集中服务器及管理计算机终端组成。

4.4.2.2　预警广播

广播系统是以日常广播、预警广播、应急广播、安全告知、广播驱离等业务为基础的综合性广播系统。广播系统能对突发水库泄洪、漫坝溃堤、水位超限、河道洪峰、涉水安全等紧急情况进行统一协调、统筹管理，具备对水库沿岸全域、堤坝和河道的安全状况进行宏观指挥、紧急处突、迅速疏导的能力。广播系统对加强水库信息化协调管理、紧急指挥疏散易涝区群众、及时驱离涉水安全人员、加快防汛防洪处理速度、减少因极端天气及水库事故造成的经济损失和人员伤亡起到重要作用，可从整体上提升水利主管单位的管控力度及服务水平。

4.4.3　移动指挥

4.4.3.1　三防移动指挥方舱

三防移动指挥方舱作为防汛抗旱应急指挥系统应用的延伸，主要用于重大突发事件、抢险救灾等现场的指挥调度和通信保障。该系统应具备机动灵活、性能可靠的特性，既可作为现场独立的通信枢纽，又可作为一个远端通信节点。三防移动指挥方舱是固定三防指挥中心的延伸和补充，负责现场指挥调度工作，并与三防指挥中心保持实时的通信联络和信息传递，主要传递的信息为话音、图像和数据。

三防移动指挥方舱的主要功能如下：

①卫星通信功能：用于指挥车与市三防指挥中心的通信连接，并实现通信指挥车连接服联网的功能，指挥车网络与市局网络虚拟在同一局域网内。

②无线网络功能：在通信指挥车周边2～3km的区域内实现无线覆盖，指挥现场的移动终端设备都可以通过无线网络与指挥车通信，例如无人机、单兵系统、手机终端、平板终端、笔记本电脑等。

③语音集群调度功能：包括单呼、组呼、广播、强插、强拆、电话会议、动态分组、"遥毙"、"复活"、录音等，满足现场工作人员对语音业务的需求，并可以接入三防无线对讲通信系统，作为该系统的子系统。

④会议系统功能：在指挥车内部署一套中兴通信的会议系统，通过卫星通信，可以与市三防指挥中心进行视频会议，灾害现场实时情况（无人机、单兵系统、车载摄像机等采集到的音视频信号等）可以通过会议系统上传至三防指挥中心，三防指挥中心的调度信息也可以通过会议系统向指挥车传达。

⑤现场会议与办公功能：指挥车内设置小型会议室，配置办公会议桌椅、显示屏、办公电脑等基础设备。由于指挥车的局域网与市局网络是互通的，指挥车上可以实现市局办公网、三防决策平台、三防视频系统等水利信息系统的访问及查询功能，相关数据信息可以在车内显示屏上显示。

⑥无人机系统：在危险期区域或者人力不可以到达的区域，用无人机实行航拍，并在指挥车内进行显示及存储。

⑦单兵系统：可以实现移动音视频录制，并在指挥车内进行显示及存储。

⑧车载摄像机：对现场情况进行视频记录，并在指挥车内进行显示及存储。

⑨视频存储功能：对无人机、单兵系统、车载摄像机、会议摄像机的音视频进行处理，并通过卫星信号接入三防视频系统。

⑩广播系统：车外广播系统（顶载高功率扩音设备），输入音源包括本地话筒、远程会议音频、对讲机、手机、手机短信、电脑播放语言等。

⑪照明系统：车载大功率可以转动的投光灯，主要用于夜间救援、应急抢险。

⑫供电系统：提供市电、发电机、后备电源三种不同的供电方式。

⑬车体的选型与改装：满足5～8人的会议空间、适用于大多数路况的行驶。

4.4.3.2　无线对讲指挥通信系统

无线对讲指挥通信系统是防汛工作处置现场的一种保障工具，是专用调度电话和公网电话机设备的补充，一旦地面坍塌和地面通信基础设备遇到破坏、停电等状态时仍有较好的天空通信保障。

为保证系统可靠性与稳定性，充分满足防汛使用的需要，一般采用时分多址（TDMA）双时隙技术标准产品，通信基站设备选择带 IP 互联版本数字中继台。

为了扩大中继站的覆盖范围，通常站址选择在通信区域内的制高点上，采用无线网络电台实现空中 IP 无线连接，用网络电台代替 IP 网络进行中继站之间的技术链接。这样组网灵活、方便，不受 IP 接口地点的限制，网络电台安装简单、操作方便、通信稳定可靠、经济实用、运行费用低、接口简单，不受网络运营商的限制，中间站与中心站的互联互通就是要靠无线网络链接实现。

4.5　人

智能人工巡查系统主要分为中心管理平台和移动终端两大部分。中心管理平台主要实现系统的部署、功能发布、相关的浏览和管理功能。移动终端主要实现轨迹的记录、上传、事件上报和处置等功能。

（1）定位信息实时上报

传统的巡更棒或打卡机不能够实时返回巡查信息，无法查看巡查的路线，需要实现运维人员坐标的自动定位、自动上传功能。

巡查业务流程如图 4-4 所示。

图 4-4　巡查业务流程

（2）人员分布实时浏览

运维人员的坐标信息上传到服务器后，通过管理端 APP 或浏览器可实时查看巡查人员的分布情况，并能够对历史记录进行追溯。

（3）出勤情况统计

通过人脸识别、指纹识别打卡，系统实时更新当天巡查人员的到岗情况，并对每个月的出勤情况进行汇总。

（4）运行报告

系统对运行人员的巡查人数、巡查人次、巡查里程、上报的事件、处理的事件等进行统计，并能够生成 Word 文档格式的报告供用户下载使用。

（5）巡查事件上报

APP 端应支持巡查事件的录入和上传，可记录时间、地点、描述、照片、事件严重性等情况。

事件上报流程如图 4-5 所示。

图 4-5　事件上报流程

（6）巡查事件处理

上报后的事件应经过后台审核确认后入库，并通过移动端（手机）可以对后续事件处理的跟进内容进行拍照上传。

事件处理流程如图 4-6 所示。

图 4-6　事件处理流程

（7）用户管理

系统支持用户的姓名、部门、岗位、电话、微信等信息的管理功能。

4.6　小结

物联网相关的传感器、网络技术等并不是全新的技术，而水利行业因具有安全要求高、空间跨度大、野外作业多等特点，很久以前就开始广泛使用各种自动化或半自动化的信息采集监测设备，对雨量、水位、水量、水质等信息进行实时采集，通过无线网络、有线网络进行传输汇集，从而应用于防汛抗旱、水资源管理等多项业务管理中。

但这些信息采集监测和自动化控制设备，只是符合物联网中的感知的要求，还不能达到智能的层次，即物与物之间在信息交换基础上的智能调度的要求，因此感知采集回来的数据需要综合处理和应用。

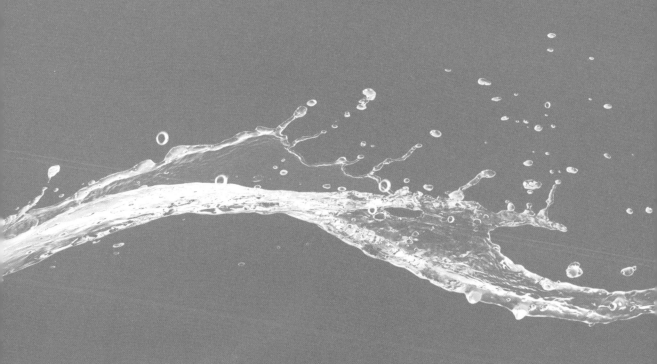

第 5 章

传输网络

5.1　概述

实现水雨情、视频、大坝安全、泵站自动控制等信息的全面自动感知，以统一的物联网接入平台实现数据统一接收，利用微信、短信等多种方式在 PC、移动平台的自动预警和快速推送，实现水务导航、移动 GIS 灾情上报和搜集等，解决信息发布"最后一千米"问题。

5.1.1　按业务应用场景分类

智慧水利传输网络按业务应用场景分类，可分为感知网、传输网和应用网（图 5-1）。感知网通过摄像头和各种感应仪器采集雨情监测、水情监测、水质监测、工情监测等信息后，利用传输网汇聚后传输到控制处理中心（应用网），数据处理后可发送相应的预警或告警信号。

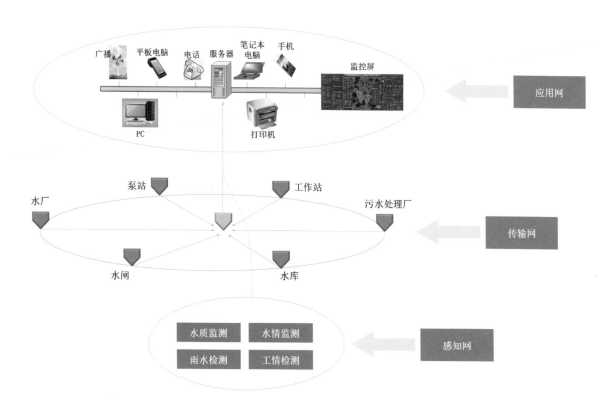

图 5-1　智慧水利传输网络按业务应用场景的分类

1）感知网

感知网的内容在第 4 章已做介绍，本小节不再赘述。

2）传输网

智慧水利传输网是以多网结合的模式，建设高质量、大容量、高速率的数据传输网络，为数据互联互通、开放共享、实时互动提供可靠通道。其内容主要包括：感知网终端连接到终端的网络、感知网终端连接到物联网服务的网络。

（1）感知网终端连接到终端的网络

部分感知网终端无法或不需要直接连接到互联网，可通过把感知网终端连接到其他终端，比如连接到负责收集传感器数据的物联网网关设备，就能通过物联网网关把这些不能连接到互联网的终端再集中连接到互联网。这种网络连接方式在工业领域应用极广，能够节省成本并提高连接效率。而针对终端之间的连接，蓝牙、Wi-Fi、ZigBee、LoRa 是几种比较有代表性的网络标准。

（2）感知网终端连接到物联网服务的网络

至于把终端直接连接到物联网服务系统，则通常会涉及互联网的访问。除了基于 Wi-Fi 和宽带网络，GPRS、3G、4G、5G 以及通用的窄带物联网（Narrow Band Internet of Things，NB-IoT）等移动线路也很常用，尤其是在户外和移动场景下。

3）应用网

应用网主要为支撑智慧水利应用系统端各种业务应用场景所需的网络环境，按应用场景可分为互联网、市政网、VPN 等。

5.1.2　按网络连接方式分类

智慧水利传输网络按网络连接方式分类，可分为有线网络和无线网络。

（1）有线网络

有线网络是采用同轴电缆、双绞线和光纤来连接的计算机网络，可分为有线宽带互联网、市政网、VPN 和自建光纤网。

（2）无线网络

无线网络是指无须布线就能实现各种通信设备互联的网络，主要依靠电磁波和红外线作为载体来传输数据，可分为卫星通信、移动运营商网络和无线物联网。

本章通过网络连接方式分类来介绍智慧水利传输网络。

5.2　有线网络

5.2.1　有线宽带互联网

5.2.1.1　网络特点

有线宽带互联网接入技术主要包括：基于公共换电话网络（PSTN）的 xDSL 接入技术、基于双绞线的 LAN 接入技术、基于同轴电缆的 HFC 接入技术、基于光纤的 FTT 接入技术。

（1）xDSL 接入

DSL 称为数字用户线。数字用户线系统是以电话双绞线为传输介质的传输技术组合，根据上下行速率是否对称存在多种类型，主要有非对称数字用户线（ADSL）、高速率数字用户线（HDSL）、超高速率数字用户线（VDSL）等。

在运营商端安装数字用户线路接入复用器（Digital Subscriber Line Access Multiplexer，DSLAM），为用户提供接入和复用，同时提供不对称数据流的流量控制。

（2）LAN 接入

以太网技术是目前应用最为广泛的局域网络传输方式，它采用基带传输，通过双绞线和传输设备实现 10Mb/s、100Mb/s、1Gb/s 的网络传输速率，应用非常广泛，技术成熟。从最初的同轴电缆的共享 10Mb/s 传输速率，发展到现在的双绞线和光纤上的 100Mb/s 甚至 1Gb/s 传输速率。

高速以太网接入由于与 IP 网的无缝连接和优良的可扩展性而具备了很多天然优势。该技术提供极高的传输速率（数十至数千 Gb/s），可以满足高速互联网业务、分组话音和视频业务的要求，而费用远远低于 HFC、DSL 等接入，是目前最具潜力的新一代网络技术。

（3）HFC 接入

光纤同轴混合网称为 HFC，将有线电视（CATV）的线缆和运营商的高速光纤连接在一起，用户端要安装电缆调制解调器（Cable Modem），用来分离网络信号、电话信号、电视信号；运营商端通过安装线缆调制解调终端系统（CMTS），向大量的电缆调制解调器用户提供高速连接。

（4）光纤接入

光纤接入方式根据从运营商到用户端这一段的线路和设备是否需要电源的支持，可分为有源光网络（AON）和无源光网络（PON）。使用 AON 技术的有源设备，存在易受电磁干扰和雷电影响的缺陷，而且有源设备维护成本非常高，鉴于以上两点，AON 技术未被广泛使用。而使用 PON 技术的网络全程采用无电源的光器件，避免了电磁和雷电的干扰，降低了线路和外部设备的故障率，可靠性大大提高，所以 PON 技术被普及开来。

PON 的整体架构是由运营商端的光线路终端（OLT）设备、光分配网（ODN）和用户端的光网络单元（ONU）设备三部分组成的。根据 ONU 所在的位置，光纤接入可以分为光纤到小区（FTTZ）、光纤到楼（FTTB）、光纤到户（FTTH）等。

5.2.1.2　智慧水利应用

（1）在城市水务防汛决策支持系统中的应用

城市水务防汛决策支持系统包含了计算机网络技术等多种现代信息技术，通过互联网对各地防汛信息进行自动采集、实时传输，并根据网络软硬件提供水文信息、雨情和水情、历史汛期汛情的相关资料和动态信息，以便提供水务防汛预报和汛情预警，及时为调整防汛调动收到、分蓄洪措施、灾民转移安置等提供决策依据，提高了各类数据的空间分析能力和预警预测能力，大大提高了水务防汛指挥决策的正确性和准确性。

（2）在水务防汛电话、视频会议中的应用

电话、视频会议利用高速 IP 网络及互联网技术，充分利用各种数字数据网、分组交换网、综合业务数字网（ISDN）以及异步传输模式（ATM）的技术，可以有效地将水务防汛信息进行会商、传达。现在各级政府和部门在调动指挥中心通过视频、电话，对水情测报、洪水预报、调度会商、群众转移、抗洪抢险等进行异地会商和远程指挥决策。

（3）在基础水务防汛数据库建设中的应用

水利综合管理信息也大量应用了网络技术，通过网络数据库的建设提高水务防汛的业务管理水平，实现了水务防汛的无纸化自动办公。

5.2.2　市政网

5.2.2.1　网络特点

市政网是政府的业务专网，主要运行政务部门面向社会的专业性业务和不需要在内网运行的业务。电子政务外网和互联网之间实行逻辑隔离。根据政务外网所承载的业务和系统服务类型的不同，在逻辑上，将政务外网划分为专用网络区、公用网络区和互联网接入区三个功能域。专用网络区用于实现不同部门或不同业务之间的虚拟专用网相互隔离，公用网络区用于实现各部门、各地区互联互通，互联网接入区用于实现各级政务部门面向社会的公共服务需求。

5.2.2.2　智慧水利应用

智慧水利业务应用系统一般部署在市政网，各级水利部门用户通过接入市政网访问智慧水利业务应用系统。

5.2.3　VPN

5.2.3.1　网络特点

虚拟专用网络（VPN）是一种基于公用网络所建立的具有加密通信功能的专用型网络。因 VPN 网络的连接通常建立在整体网络的某两个节点之间，故亦可将其视为一条穿过公用网络的安全数据隧道。由于 VPN 网络能将局域网的功能完全转接到远程的虚拟局域网之内，故相较于其他网络通信技术，VPN 网络不仅更加安全可靠，且连接也较为灵活，更为重要的是其使用成本极为低廉。

VPN 虚拟网络的控制及应用极大地降低了施工难度，有利于工程的快速展开，提高了工程效率，为施工争取了宝贵的时间，同时应用 VPN 虚拟网络也降低了工程造价，减少了通信光纤总线的敷设长度，为工程节省了材料及施工费用，从而为建设方节约了成本。

5.2.3.2　智慧水利应用

VPN 在智慧水利中的应用主要体现在视频监控专网和工业控制专网上。

（1）视频监控专网

远程视频基于 VPN 技术，不仅可满足日常工作需求，还能对各监控站现场的视频信息予以实时显示，继而借由视频监视与集控系统之间的通信来满足计算机的集控系统要求。与此同时，基于集控中心的实时报警功能还可以及时应对现场可能出现的各种异常状况，且报警与图像联动，即一旦发生险情，则录像系统将自动启动，完整记录下事故发生的全过程。

（2）工控专网

在工业控制领域，技术支持工程师经常需要远程维护工业控制设备，同时也需要将远程可编程逻辑控制器（PLC）采集的数据传输到监控中心，或者将现场视频数据传输到监控中心。远程数据采集、远程监控、远程维护等应用需要 VPN 建立虚拟专网。VPN 技术可帮助中心控制室轻松获取各子站相关设备所采集的信息数据，从而更直观地掌握现场的生产运行情况。

5.2.4　自建光纤网

5.2.4.1　网络特点

光纤通信技术具有强抗干扰能力、传输量大、传输损耗小的特点，这就决定了该技术在水利通信系统中将广泛应用。以光纤为传输介质，利用光纤通信技术组建的数据传输网络，发挥桥梁和纽带作用，为综合数据信号的大流量远程传输提供便捷高效的传输通道，水利工程的远程调度和信息化管理得以实现。

自建光纤网的拓扑结构是指传输线路和节点的几何排列图形，它表示了网络中各节点的位置与相互连接的布局情况。网络的拓扑结构对网络功能、造价及可靠性等具有重要影响。其三种基本的拓扑结构是总线形、环形和星形，由此又可派生出总线—星形、双星形、双环形、总线—总线形等多种组合应用形式，各有特点、相互补充。

（1）总线形结构

总线形结构是以光纤作为公共总线（母线），各用户终端通过某种耦合器与总线直接连接所构成的网络结构。这种结构属于串联结构，优点是共享主干光纤，节省线路投资，容易增删节点，彼此干扰较小。它的缺点是损耗累积，对用户接收机的动态范围要求较高，对主干光纤的依赖性过强。

（2）环形结构

环形结构是指所有节点共用一条光纤链路，光纤链路首尾相接自成封闭回路的网络结构。这种结构的突出优点是可实现网络自愈，即无需外界干预，网络即可在较短的时间里从失效故障中恢复所传业务。

（3）星形结构

星形结构是各用户终端通过一个位于中央节点（设在端局内）、具有控制和交换功能的星形耦合器进行信息交换，这种结构属于并联结构。它不存在损耗累积的问题，易于实现升级和扩容，各用户之间相对独立，业务适应性强。它的缺点是所需光纤代价较高，对中央节点的可靠性要求极高。星形结构又分为单星形结构、有源双星形结构及无源双星形结构三种。

单星形结构：该结构是用光纤将位于电信交换局的光线路终端（OLT）与用户直接相连，基本上都是点对点的连接，与现有铜缆接入网结构相似。每户都有单独的一对线，直接连到电信局，因此单星形可与原有的铜线网络兼容；用户之间互相独立，保密性好；升级和扩容容易，只要两端的设备更换就可以开通新业务，适应性强。它的缺点是成本太高，每户都需要单独的一对光纤或一根光纤（双向波分复用），要通向千家万户，就需要上千芯的光缆，难于处理，而且每户都需要专用的光源检测器，相当复杂。

有源双星形结构：它在中心局与用户之间增加了一个有源接点。中心局与有源接点共用光纤，利用时分复用（TDM）或频分复用（FDM）传送较大容量的信息，到有源接点再换成较小容量的信息流。其优点是灵活性较强，中心局有源接点间共用光纤，光缆芯数较少，降低了费用。其缺点是有源接点部分复杂，成本高，维护不方便。另外，若要引入宽带新业务，将系统升级，则需将所有光电设备都更换，或采用波分复用叠加的方案，这比较困难。

无源双星形结构：这种结构保持了有源双星形结构光纤共享的优点，将有源接点换成了无源分路器，维护方便，可靠性强，成本较低。由于采取了一系列措施，保密性也很好，是一种较好的接入网结构。

5.2.4.2　智慧水利应用

自建光纤网一般主要用来将前端的视频监控数据和监测设备数据接入监控中心或者数据机房进行汇聚。

5.3　无线网络

5.3.1　卫星通信

5.3.1.1　网络特点

卫星通信系统利用无线电传输，通过卫星进行通信，一般由卫星和地面站两部分组成，地面站包括卫星手机、车载设备、机载设备、船载设备、固定室内设备等。卫星通信的特点包括：

①卫星通信区域覆盖范围大，通信距离远。

②卫星通信具有全天候性的通信能力，通过太空中的卫星进行通信，不易受到地面台风、地震、洪水等自然灾害的影响。

③卫星通信业务全面，可以语音通话、视频传输、无线对讲、终端上网。

④卫星通信机动、灵活，可以手持单兵使用、车载使用、室内使用、船载使用、机载使用，建站迅速，组网灵活。

5.3.1.2　智慧水利应用

（1）水文监测

自动水文观测站选址一般为偏远山区，常规通信难以实现信号全覆盖，通信专线的建设又存在成本高、维护费用高等缺点。北斗卫星通信信号覆盖范围广、可靠性强。水文测站终端是在其后端设备的控制指令下发送数据报告的，它在收到后端设备的发送数据报告指令后，直接向卫星发送信息，其信道编码与调制方式为码分多址方式，利用冗余编码方法使得入站数量达到 200 站 / 秒，按照水利水文信息传输整点报的需求，以 10 分钟收集全部站点数据计算此类用户理论上可容纳 12 万测站用户，所以其信道容量极大，可以不考虑信道拥挤问题。目前支持北斗卫星通信的水文遥测设备远程测控终端体积小、功耗低、设备维护简单且易于组网布设站点，硬件费用比较低。

（2）水利设备监控

水利行业信息化设备投入日益增多，从雨量计到全要素气象仪，再到自动水文观测站等。基于水利工程自身的特点，这些信息化设备一般都安装在野外，分布范围广，无人值守。人工巡检工作量大、耗时久，甚至有些地方很危险。水利设备监控需要一种远程自动化的方式，不受地形、通信限制，可实时操作。卫星通信的"多点对一点"方式可以满足这种需求。

（3）水利工程测量

在水利工程勘测和设计中，经常会遇到山岭、江河、峡谷等自然环境的阻隔，传统测量仪器很难找到合适的测量点，工作量也比较大，影响测量的精确度和工程进度。卫星通信目前已经广泛运用到我国各项基础工程测量和定位中，基于卫星定位的实时动态差分技术（RTK）测量相对传统的水利工程测量而言，具有适用性强、操作简易、测量精度高等优点，在实际的运用上具有非常高的普及推广价值。

5.3.2　移动运营商网络

5.3.2.1　GPRS

1）网络特点

GPRS 是 GSM 网络向第三代移动通信系统过渡的一项"2.5 代"通信技术。GPRS 技术具有可靠性强和成本低廉的优势，它在水利监测系统中的运用使得水利监测实现了现代化管理和智能化操作。水利监测存在监测点多、地理位置分散、位置较偏僻等情况，GPRS 技术在线实时监测，能够对可能或正在发生的险情、汛情、灾情进行实时动态监控，准确判断状态，及时采取预防和补救措施，为水利部门的决策和减少灾害带来的损失争取宝贵的时间，更好地保障人民生命财产安全，同时也保障社会稳定和经济的可持续发展。GPRS 具有以下特点：

（1）高速数据传输

GPRS 数据传输的速度最高能够达到 171.2 kb/s，是全球移动通信系统（GSM）的 10 倍，在目前的网络中，实际的数据传输速度为 20 ~ 60 kb/s，应对水利监测系统对监测站每次传输文件为 10 kb/s 以内的速率要求，完全是绰绰有余。这在一定程度上提高了水利监测系统数据采集和传输的速度，提升了工作效率。

（2）永远在线

GPRS 具有永远在线的特点。因为 GPRS 无线终端一开机就会与网络连接，并且一直与网络保持着联系，所以 GPRS 建立新的连接无需任何时间，也就是说它不再像传统的 GSM 网络那样在网络断开后必须花时间重新拨号才能再次连接网络。GPRS 的这一特点在最大程度上满足了水利监测系统在数据采集和传输方面对实时性的要求。

（3）网络覆盖范围广

GPRS 是基于 GSM 网络的，众所周知，GSM 网络已经覆盖了中国境内的大部分地区，基本上没有网络盲区的存在。这一优势正好适应了水利监测点多、地理位置分散、位置较偏僻的实际情况，能够使水利监测系统的监测不再受地区地形、通信线路、接入地点的制约，水利监测系统的监测范围因此而变得更大、更广，也使水利监测点采集获取的数据更加科学、合理和全面。

（4）通信费用低

网络的使用需要收费。与 GSM 的计时收费不同的是，GPRS 是按照通信产生的数据流量来收费的，只要不传输数据，不管在网络上挂多久，都不会产生费用。在这一点上，对于水利监测系统实时在线的要求来说，既可以保证水利监测系统的随时使用，又大大降低了系统的日常运行费用。

（5）建设成本低

GPRS 利用无线通信的网络平台来传输数据，用户无需建立专门的通信设备和基站，更不需要建设网络，而只需要购置相应的 GPRS 终端设备，并对其进行日常维护。这一点大大减少了水利监测系统的建设成本。

（6）通信安全可靠

GPRS 通信方式，其通信过程保密性强，可靠性较好，还具有很强的抗干扰能力。特别是在采用接入点名称（APN）专线接入的时候，可以大大提高水利监测系统原始数据传输的及时性和准确性。

2）智慧水利应用

数据处理中心按照实际需要对各监测站发出采集水文、水情的各种指令。各监测站在接收到数据处理中心的指令后，采集单元 RTU 启动，自动完成各种水情参数的采集，并且对数据进行预处理和存储，随后这些采集、预处理好的数据通过 GPRS 通信系统传输到数据处理中心。数据处理中心在接收到各监测站的数据后，对这些数据进行整理，汇总成完整的水文、水情日报表，并快速、及时地绘制出各种水利参数的变化趋势曲线图。水利部门根据这些水利参数的变化趋势，可以快速地制定出防汛决策和调度，为防洪救灾提供可靠的科学依据，并为防洪抗灾工作赢得宝贵的时间。

5.3.2.2　3G

1）网络特点

3G 是第三代移动通信技术的简称，其主流标准包括：WCDMA、CDMA 2000 和 TD-SCDMA。3G 较为显著的特点是抗干扰能力强、抗衰落能力强（占整个频谱资源），同时频谱利用率高。另外利用 CDMA 技术使得系统容量大、频率复用系数高、抗多径能力强、通信质量好、软容量、软切换等特点显示出巨大的发展潜力。

2）智慧水利应用

一些无人值守泵站、河道监测站、水文站位于崇山峻岭深处或荒无人烟之地，或者即便在城区但有线网络难以到达，或者是投资收益比例差距较大，需要考虑使用无线网络。无线网络的优势是架设周期短、成本低，但不如有线网络传输稳定，野外易遭雷击。从目前使用情况看，在视频监控逐渐规模应用于水利行业后，由于水利对国计民生的重要性，加上电信运营商的基础设施条件和业务选择性推动，有线网络仍是主要传输途径，也是水利部门的首选方式。而无线传输在过去主要作为水文采集和图片传输的通道，现在也作为辅助手段来填补难以铺设线路的地域监控需求。

3G 在通信领域的成熟应用，为其在水利安防监控中的应用铺平了道路，目前在 3G 方式下的视频传输最高可达到 700 kb/s 的上传速度，一般也可在 400 ~ 500 kb/s，满足一般实时视频监控的要求。随着 3G 网络的覆盖建设，3G 无线视频监控在水利行业肩负重任。其主要应用在以下几个领域：

①有线网络无法到达或建设成本过高的地方，或者属于临时观测点，过一段时间可能更换位置的地方，可以用 3G 无线网覆盖，进行视频信息传输。

②由单人便携操作的移动监控设备，或叫单兵系统，用于机动性采集观测，或在抗洪救灾时到前线考察，实时传递到指挥中心便于决策。

③可遥控的无人机载监控设备，用于航拍，可到人员无法抵达的地方进行监控，比如寻找洪水中失踪人口、鸟瞰灾情地区。

5.3.2.3　4G

1）网络特点

4G 是第四代移动通信技术的简称，它改进并增强了 3G 的空中接入技术，采用正交频分复用技术（OFDM）和多输入多输出（MIMO）作为其无线网络演进的唯一标准。TDD-LTE 和 FDD-LTE 是 4G 网络的标准模式，TDD 是时分双工，即发射和接收信号是在同一频率信道的不同时隙中进行的；FDD 是频分双工，即采用两个对称的频率信道来分别发射和接收信号。

4G 系统针对各种不同业务的接入系统，通过多媒体接入连接到基于 IP 的核心网中。基于 IP 技术的网络结构可使用户实现在 3G、4G、WLAN 及固定网间无缝漫游。

4G 网络结构可分为三层：物理网络层、中间环境层、应用网络层。物理网络层提供接入和路由选择功能，中间环境层的功能有网络服务质量映射、地址变换和完全性管理等。物理网络层与中间环境层及其应用环境之间的接口是开放的，使发展和提供新的服务变得更容易，提供无缝高数据率的无线服务，并运行于多个频带。这一无线服务能自适应于多个无线标准及多模终端，跨越多个运营商和服务商，提供更大范围的服务。

4G 网络有如下特点：

①支持现有系统和将来系统通用接入的基础结构；

②与互联网集成统一，移动通信网仅作为一个无线接入网；

③具有开放、灵活的结构，易于扩展；

④ 4G 网络是一个可重构、自组织的、自适应网络；

⑤智能化的环境，个人通信、信息系统、广播、娱乐等业务无缝连接为一个整体，满足用户的各种需求；

⑥用户在高速移动中，能够按需接入系统，并在不同系统之间无缝切换，传送高速多媒体业务数据；

⑦支持接入技术和网络技术各自独立发展。

2）智慧水利应用

构筑以信息采集为基础、以通信传输为保障、以信息技术网络为依托的水利防汛监测系统，主要是为了及时掌握汛情，减少或避免由于河水泛滥而给人民群众造成的经济损失。4G 网络技术正是实现水利信息的采集、传递的重要手段。在水利防洪中合理地应用 4G 网络技术，能够为水利部门获取一些详细的水文资料，为水利部门的一些指挥决策提供重要的依据。鉴于此，在组织开展水利防洪工作当中，应该充分发挥网络的优势，构筑以 4G 网络为主的水利防汛监测系统。例如，在一些难以实现全方位观测的水利应用中，可以利用 4G 网络无线传输视频图像的优势来进行远程无线监控。在实际应用过程中，可以从三个方面入手。其一，做好前端的信息采集系统的构筑工作。可以采用无线云台型设备，着重对周围的环境进行图像监控。其二，构筑后端监控管理系统。水利部门可以根据本地区水利监控点的分布以及监控环境的变化，按级别向上级部门汇报情况，并以此来为上级部门的决策提供一定的理论依据。其三，构筑无线便携视频监控终端，并借此来补充以 4G 网络为主的水利防汛监测系统。

5.3.2.4 5G

1）网络特点

第五代移动通信技术（5G）是最新一代蜂窝移动通信技术，也是继 4G、3G 和 GPRS 系统之后的延伸。5G 的性能目标是高数据速率、减少延迟、节省能源、降低成本、提高系统容量和大规模设备连接。5G 网络有以下特点：

（1）高速传输数据

现今 4G 网络通信在人们的日常生活与工作中已经得到普及应用，5G 网络通信以此为基础提高传输数据的效率，传输速度达到 3.6 Gb/s，不仅节省大量空间，还能提高网络通信服务的安全性。当下网络通信技术还在不断发展，不久的将来数据传输速率会大于 10 Gb/s，远程控制应用在这样的前提下会广泛普及于人们的生活中。另外，5G 网络通信延时较短，约 1 ms，能满足有较高精度要求的远程控制的实际应用，例如车辆自动驾驶、电子医疗等，通过更短的网络延时进一步提高 5G 网络通信远程控制应用的安全性，不断完善各项功能。

（2）强化网络兼容

对于不同的网络，兼容性一直是其发展环节共同面对的问题，只要解决好这一问题，就能在市场上大大提高对应技术的占有率。5G 网络通信最显著的一个特点及优势就是兼容性强大，能在网络通信的应用及发展中满足不同设备的正常使用，同时有效融合类型不同、阶段不同的网络，在不同阶段实现不同网络系统的兼容，极大地降低网络维护费用，节约成本，获取最大化的经济效益。

（3）协调合理规划

移动市场正在高速发展，市场中有多种通信系统，5G 网络通信想要在激烈的市场竞争中立足，就务必要协调合理规划多种网络系统，协同管理多制式网络，在不同环境里让用户获得优质服务和体验。尽管 5G 网络通信具有 3G 和 4G 等通信技术的优势，但要实现多个网络的协作，才能最大程度发挥 5G 网络通信的优势，所以在应用 5G 网络通信的过程中，利用中央资源管理器促进用户和数据的解耦，优化网络配置，完成均衡负载的目标。

（4）满足业务需求

网络通信的应用及发展的根本目标始终是满足用户需求。从 GPRS 时代到 4G 时代，人们对网络通信的需求越来越多元化，网络通信技术也在各方面有所完善，应用 5G 网络通信势必也要满足用户需求，优化用户体验，实现无死角、全方位的网络覆盖。无论用户位于何处都可以享受优质网络通信服务，并且不管是偏远地区还是城市都能确保网络通信性能的稳定性。在今后的应用及发展中，5G 网络通信最重要的目标之一是不受地域和流量等因素的影响，实现网络通信服务的稳定性和独立性。

2）智慧水利应用

水文行业相对独立，存在大量需要人工参与或完成的监测方式，并且与环保、气象等部门的信息缺乏有效互连，与环保、气象、自然资源等相关企业掌握的信息缺少对接，天气、雨量、含沙量、水质等相关数据需要通过新建监测设备才能获取。若与以上部门或企业信息对接，充分利用物联网，通过更稳定可靠的 5G 网络接入更专业的设备采集信息，则可获取全面的数据，减少重复建设，节省水利建设成本。水文行业对重要河湖水位、流速的监测方式信息化程度越来越高，很多监测站点在现地采用 RTU 对水位、流速数据进行采集，通过 GPRS 进行无线传输。虽然技术相对成熟，但存在 RTU 稳定性容易出现问题、监测信息通过 4G 传输可靠性不强、采用有线网络方式建设周期长、网络租赁费用高、水文系统缺乏相应的专业设备维护人员和网络维护人员等问题。可以增强 RTU 本地分析的功能及对通信协议的控制能力，再通过 5G 网络进行传输，进而保障信息采集与传输的稳定性、及时性。中国铁塔股份有限公司在国内业务范围广、资源丰富，在 5G 推广的过程中会布设覆盖面更广的铁塔、立杆及高点监控设备，并且具备专业的视频监控设备、网络传输设备、移动网络及有线网络维护人员，如果利用铁塔资源，那么可以有效地为水文行业补短板。

5.3.3　无线物联网

物联网即"万物相连的互联网"，是互联网基础上的延伸和扩展的网络。它是将各种信息传感设备与网络结合起来而形成的一个巨大网络，实现在任何时间和任何地点人、机、物的互联互通。目前市场上组网技术非常多，以下简要比较各种组网技术的特点，方便读者根据自己的应用场景选择合适的组网技术。

5.3.3.1　蓝牙

蓝牙低能耗（BLE）技术是一种低成本、短距离、可互操作的鲁棒性无线技术，利用许多智能手段最大限度地降低功耗，被称为超低功耗无线技术。BLE 有低功耗、快速与手机连接的特性。

早期均以点对点产品为主。基于低功耗特性，蓝牙智能产品集中在可穿戴设备、健康监护设备、消费电子、汽车电子等产品中。从蓝牙 4.1 协议开始，蓝牙无线网格网络（mesh）产品具备了自组网特征，蓝牙 mesh 还处在技术积累期。mesh 协议在苹果的 homeKit 智能家居平台中有完整定义。智能手机都标配这两种技术，用户对这些产品的配对、联网相对熟悉，这也是大量的智能硬件使用 BLE 的原因。

优点：

①低功耗，便于电池供电设备工作。

②价格便宜，可以应用到低成本设备上，降低产品的成本。

③同时支持文本、图片、音视频的传输。

④传输高速率，低延时。

缺点：

①传输距离有限。

②穿透性能差。

③不同设备间协议不兼容。

④联网耗时比较久。

5.3.3.2　Wi-Fi

基于 IEEE802.11 的通信协议，Wi-Fi 被广泛使用在智能单品及智能家电中。它配网简单，用户熟悉，不需要额外的网关，可以和存量路由器直接通信。

Wi-Fi 存在的问题是信道本身已经拥挤、接入数量多、容易掉线，路由器能支持同时连接的设备数有限。成本高，功耗高，不插电的设备使用 Wi-Fi 很难坚持很长时间，需要频繁充电或者换电池，给用户带来困扰。而 BLE 和 ZigBee 可以做到几个月、一年甚至几年都不用换电池。

优点：

①具有灵活性和移动性：无线局域网在无线信号覆盖区域内的任何一个位置都可以接入网络。连接到无线局域网的用户可以移动且能同时与网络保持连接。

②安装便捷：一般只需安装一个或多个接入点设备，就可建立覆盖整个区域的局域网络。

③故障定位容易：无线网络很容易定位故障，只需更换故障设备即可恢复网络连接。

缺点：

①在性能方面，无线局域网依靠无线电波进行传输。这些电波通过无线发射装置进行发射，而建筑物、车辆、树木和其他障碍物都可能阻碍电磁波的传输，影响网络的性能。

②在速率方面，无线信道的传输速率低，最大传输速率为 54 Mb/s，只适用于个人终端和小规模网络。

5.3.3.3　ZigBee

ZigBee 基于 IEEE802.15.4 标准的低功耗局域网协议。按照维基百科的说法，其命名参照了蜜蜂的群体通信网络：蜜蜂（bee）靠飞翔和"嗡嗡"（zig）地抖动翅膀的"舞蹈"来与同伴传递花粉所在方位信息。简单来说，ZigBee 技术是一种短距离、低功耗、价格便宜的无线组网通信技术。

ZigBee 的特点是低功耗、自组网、节点数多。但手机中没有 ZigBee 模块，需要额外的网关接入 IP 网络。ZigBee mesh 网络复杂，用户自行搭建的可能性小，可能更适用于工业物联网。

优点：

①低功耗：工作模式下，ZigBee 技术的传输速率低，传输数据量很小，因此信号的收发时间很短。非工作模式下，ZigBee 的节点处于休眠状态。搜索设备时延为 30 ms，休眠激活时延为 15 ms，活动设备接入信道时延为 15 ms。由于工作时间较短，收发信息功耗较低且采用了休眠模式，ZigBee 节点非常省电。

②低时延：ZigBee 响应速度较快，一般从睡眠转入工作状态只需要 15 ms。节点连接进入网络只需30 ms，进一步节省了电能。与此相比，蓝牙需要 3 ~ 10 s，Wi-Fi 需要 3 s。

③网络容量大：ZigBee 低速率、低功耗和短距离传输的特点使得它非常适宜支持简单器件。ZigBee 定义了两种器件：全功能器件（FFD）和简化功能器件（RFD）。对于全功能器件，要求它支持所有的共计 49 个参数。而对于简化功能器件，在最小配置时只要求它支持 38 个参数。一个全功能器件可以与简化功能器件和其他全功能器件通话，按 3 种方式工作，分别是个域网协调器、协调器和器件。而简化功能器件只能与全功能器件通话，仅适合非常简单的应用。一个 ZigBee 的网络最多包括 255 个 ZigBee 网络节点，其中有一个是主控设备，其余则是从属设备。若是通过网络协调器（Network Coordinator），整个网络可以支持超过 64 000 个 ZigBee 网络节点，再加上各个网络协调器可以相互连接，整个 ZigBee 的网络节点的数目将会十分可观。

④高安全性：ZigBee 提供了数据完整性检查和鉴权功能。在数据传输过程中提供了三级安全性。第一级实际是无安全方式，对于某种应用而言，如果安全并不重要或者上层已经提供了足够的安全保护，器件就可以选择这种方式来转移数据。对于第二级的安全级别，器件可以使用接入控制清单（ACL）来防止非法器件获取数据，在这一级不采取加密措施。第三级安全级别在数据传输过程中，采用高级加密标准（Advanced Encryption Standard, AES）的对称密码。AES 可以用来保护数据净荷和防止攻击者冒充合法用户。

⑤免执照频段：ZigBee 设备物理层采用工业、科学、医疗（ISM）频段。

⑥数据传输可靠：ZigBee 的媒质传入控制层（MAC 层）采用碰撞避免机制。在这种完全确认的数据传输机制下，当有数据传送需求时则立刻发送，发送的每个数据分组都必须等待接收方的确认消息，并进行确认信息回复。如果没有得到确认信息的回复就表示发生了冲突，将重传一次。采用这种方法可以提高系统信息传送的可靠性。ZigBee 为需要固定带宽的通信业务预留了专用时隙，避免了发送数据时的竞争和冲突。同时，ZigBee 针对时延敏感的应用做了优化，通信时延和休眠状态激活的时延都非常短。

缺点：

①在成本方面，目前 ZigBee 芯片出货量比较大的 IT 公司，芯片成本均为 2 ~ 3 美元，再考虑到其他外围器件和相关 2.4 GHz 射频器件，成本很难低于 10 美元。

②在通信稳定性方面，目前国内 Zigbee 技术主要采用 ISM 频段中的 2.5 GHz 频率，其衍射能力弱，穿墙能力弱。家居环境中，即使是一扇门、一扇窗、一堵非承重墙，也会让信号大打折扣。

③在自组网能力方面，ZigBee 技术的主要特点是支持自组网能力强、自恢复能力强，因此，对于井下定位、停车场车位定位、室外温湿度采集、污染采集等应用非常具有吸引力。然而，对于智能家居的应用场景，开关、插座、窗帘的位置一旦固定，长期不变，自组网的优点也就不复存在，但是自组网所耗费的时间和资源成本却依旧高昂。

5.3.3.4　LoRa

以上三种技术都是基于 2.4 GHz 频段的，在无线设备爆发的时代，这个信道变得越来越拥挤，相互之间的干扰问题也越发严重。在无线产品中，频率越高则距离越短，穿墙性越差，这也是 subGHz 频段越来越被重视的原因。

早期的小无线产品集中在 315 MHz 和 433 MHz 频段，但频段宝贵，带宽很窄，因此一些成熟的通信算法无法实现。这些早期产品给人的印象就是不稳定，抗干扰性差。随着通信技术的发展，使用 subGHz 的低功耗广域网（LP-WAN）发展迅速，目前主要集中在远距离无线电（Long Range Radio，LoRa）和 NB-IoT 两个技术标准上。利用数字扩频、纠错码、双工通信、MAC 层控制等技术，LP-WAN 既保留了低功耗、远距离、穿墙性好等优点，又解决了抗干扰的问题。

LoRa 的最大特点是在同样的功耗条件下比其他无线方式传播的距离更远，实现了低功耗和远距离的统一，它在同样的功耗下比传统的无线射频通信距离增大了 3 ~ 5 倍。

优点：

①传输距离远：灵敏度为 -148 dBm，通信距离可达几千米。

②工作能耗低：Aloha 方式有数据时才连接，电池可工作几年。

③组网节点多：组网方式灵活，可以连接多个节点。

④抗干扰性强：协议里有 LBT 的功能，基于 Aloha 的方式，有自动的频点跳转和速率自适应功能。

⑤低成本：非授权频谱，节点 / 终端成本低。

缺点：

①存在频谱干扰：随着 LoRa 的不断发展，LoRa 设备和网络应用不断增多，相互之间会出现一定的频谱干扰。

②需要新建网络：LoRa 在布设过程中，需要用户自己组建网络。

③有效负载较小：LoRa 传输数据有效负载比较小，有字节限制。

5.3.3.5　NB-IoT

随着物联网概念的深入人心，新一代窄带物联网技术（NB-IoT）也被越来越多的行业广泛使用。NB-IoT 是在 3GPP release13 立项的应用于低功耗广域网（LPWA）市场的蜂窝网络技术，只消耗约 180 kHz 的带宽，直接部署于 GPRS 网络、UMTS 网络或 LTE 网络，可降低部署成本，实现平滑升级。

优点：

①海量接入：相同基站覆盖条件下，NB-IoT 技术是其他无线技术接入数的 50 ~ 100 倍，现有 NB-IoT 网络单小区基站可接入 5 万个终端设备，这样的超大连接能使物联网真正做到"万物互联"。

②功耗较低：NB-IoT 有三种不同的省电模式，即 PSM 模式、DRX 模式、eDRX 模式，设备可以根据自己的需求选择省电模式，达到功耗最小的目的，延长电池的使用寿命。针对许多使用电池供电的设备和局面，NB-IoT 的低功耗特性能够保证设备续航时间从几个月大幅提升到几年，因此大大减少了频繁更换电池带来的不便。

③覆盖能力超强：NB-IoT 的覆盖能力是 LTE 的 100 倍。NB-IoT 网络具有超大覆盖范围与超强穿透能力，这样不仅能够满足地广人稀地区的大范围覆盖需求，也同样适用于对深度覆盖有要求的地下应用。

④成本低廉：NB-IoT 支持在现有的 LTE 网络上改造，大大地降低了网络建设成本，NB-IoT 无须重新建网，射频和天线也基本上都能够复用。NB-IoT 低功耗、低带宽和低速率的特性，降低了芯片和模组成本。

缺点：

①数据传输少：基于低功耗，NB-IoT 只能传输少量数据。

②通信成本高：除 NB-IoT 通信模块的成本外，运营商还将收取运营费用。

③技术并不成熟：虽然 NB-IoT 技术被大范围使用，但在实际应用过程中，经常出现各类故障，导致通信中断。

5.4　小结

在智慧水务工程建设过程中，需要综合考虑带宽需求、稳定性、安全性、移动性及成本的基础上，选择最适用的传输网络。传输网络的类型、特点及应用场景见表 5-1。

表 5-1　传输网络特点对比

序号	网络分类		网络特点	应用场景
1	有线网络	有线宽带互联网	安全性较强，带宽较大，稳定性较好，抗干扰能力强，移动性差，布线成本高	智慧水务业务应用系统、视频会商
2		市政网		政务办公
3		VPN		视频监控专网、工控专网
4		自建光纤网		视频监控、内部监测数据传输
5	无线网络	卫星通信	连接方便，移动性好，组建容易，安全性弱，最大带宽比不上有线网络，稳定性弱，抗干扰能力较弱，传输速率慢	水文监测、水利设备监控、水利工程测量
6		移动运营商网络		水文监测设备接入
7		无线物联网		前端感知监测设备接入

第6章
水务防汛云平台

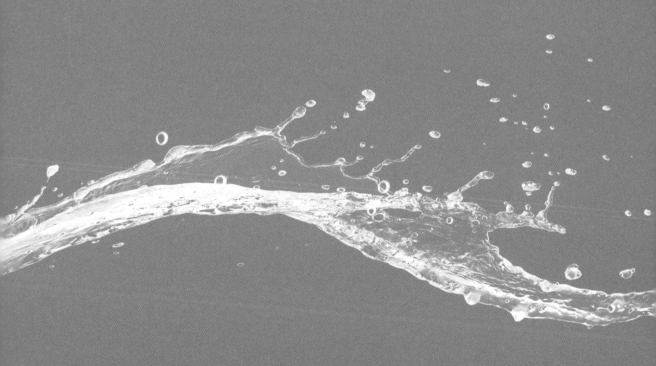

云平台是指基于硬件资源和软件资源的服务，提供计算、网络和存储能力。云平台可以划分为 3 类：以数据存储为主的存储型云平台、以数据处理为主的计算型云平台以及计算和数据存储处理兼顾的综合型云平台。对于城市水务防汛系统而言，根据现阶段国家对于政务服务与数据管理的要求，政务业务系统均部署在政务云上，因此采用对于水务防汛云平台而言，所需要的应用支撑均部署在政务云上，提供平台服务能力。

6.1　GIS 云平台

GIS 地理信息服务平台基于城市规划和自然资源部门建设的统一 GIS 云平台，结合水务业务数据，通过空间数据库管理框架，构建统一的时空数据应用服务，为水务业务应用系统提供支撑；结合数据模型分析功能，为水务信息化管理和宏观决策提供可视化界面，实现"一张图"数据的浏览、查询和分析功能。GIS 云平台采用 "四横两纵"架构，由基础设施层、数据资源层、服务平台层、业务服务层四个层次以及标准规范体系和信息安全体系组成，系统架构如图 6-1 所示。

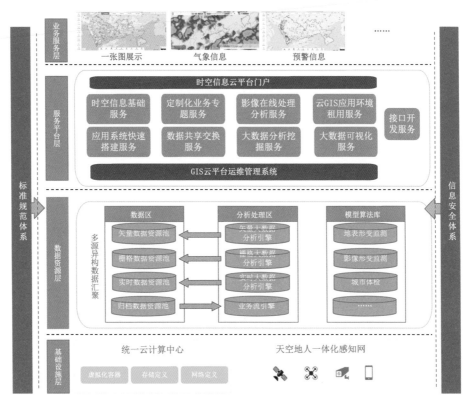

图 6-1　GIS 云平台架构

时空大数据与云平台是城市可持续发展需求与新一代信息技术应用相结合的产物，也是地理信息发展的高级形态。基于智慧城市共建共享、业务协同的大数据发展格局，水务防汛决策支持系统的建立需统筹时空大数据资源，为城市治理管理者提供全方位的时空云服务，建立资源共享、共建的机制。

6.2　物联网平台

水务物联网平台是依托于数字孪生技术，将物理世界实体映射到虚拟的三维空间，实现由虚到实的镜像再现；同时通过数据分析、智能辅助决策，实现以虚控实、反向作用，实现现实世界以及利用数字化技术营造的与现实世界对称的数字化镜像，以数字化方式拷贝一个物理对象，模拟设备在现实环境中的行为，平台充分利用物理模型、传感器更新、运行历史等数据，集成多学科、多物理量、多尺度、多概率的仿真过程，在虚拟空间中完成映射，从而反映相对应的实体装备的全生命周期过程。

通过物联网技术实现从数字虚拟空间到现实的映射，水务物联网平台作为现实到虚拟空间映射的桥梁，把水务所有物联设备映射成数字虚拟空间进行统一管理，并映射成三维模型世界。

水务物联网平台成为现实到虚拟空间映射的桥梁后，向下屏蔽各类设备的异构实现无差异接入，对物联网不同领域的异构设备进行抽象与统一建模，以通用物联网平台所定义的统一数据格式与模型对设备进行描述；向上提供统一数据交互接口，通过调用统一交互接口访问符合平台标准的数据与设备模型，以此来与异构设备交互，进行数据访问与指令控制，屏蔽设备异构性。

通过新建水务统一物联网平台，对水务防汛决策支持系统的水务监测传感（水情、涝情、工情）进行统一管理和数据采集，并提供标准化的服务供系统调用。

物联网平台主要基于以下几点的设计思路：

①新建物联网平台，实现对水务防汛决策支持系统新建水情、水质和工情传感设备的接入和管理；

②向上打造面向水务行业支撑智慧水联网行业能力，实现水务行业对本期新增传感设备的基础管理能力以及传感数据访问的标准化接口；

③向下打造面向水务行业感知设备快速、标准接入能力，需要面向不同传感设备供应商制定设备标准的准入和接入的规范和能力，形成城市水务防汛决策支持平台和数据采集的行业标准。

传感器设备把采集到的水雨情、液位流量、工情、视频等数据通过传输网络回传到物联网平台，物联网平台实现对实时数据的快速接收和处理，并为用户提供详尽的数据查询和统计分析功能，以及对前端设备进行管理，并为应用系统提供数据支撑。通过平台，可以有效弥补数据管理中存在的信息分散、处理效率低下等问题，确保了数据的准确性和时效性。

物联网平台架构如图 6-2 所示。

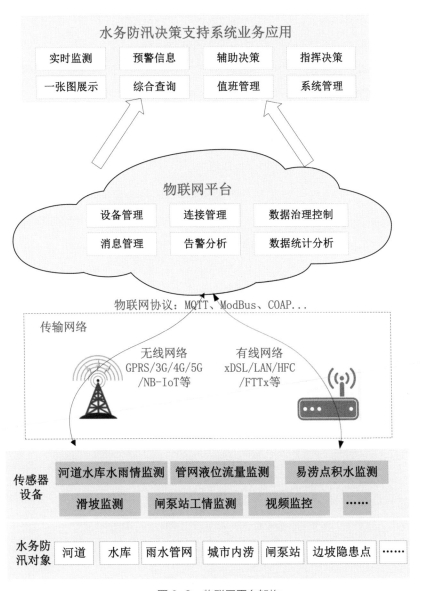

图 6-2　物联网平台架构

6.3　视频云平台

视频云平台是基于云计算技术的理念，采用视频作为云端向终端呈现处理结果的一种云计算方案。应用在云端服务器上运行，将运行的显示输出、声音输出编码后经过网络实时传输给终端，终端进行实时解码后显示输出。终端可以同时进行操作，经过网络将操作控制信息实时传送给云端应用运行平台进行应用控制，终端"精简"为仅提供网络能力、视频解码能力和人机交互能力。

水务防汛业务新的需求是在城市水库、河道、闸泵站等水务防汛对象建立视频站点，但由于城市级别的视频数据量大，需要建立视频云平台，对防汛业务专题的视频数据进行统一管理。同时结合 AI 智能识别分析计算技术和边缘计算，对视频信息进行本地处理和云化管控，实现视频监控资源共享和互联互通互控，为水务防汛决策支持系统提供高效的视频监控和图像分析服务，为水务防汛智能决策支持提供实时的现场视频依据。

各种视频感知终端通过传输网络把视频流传输到集控平台上，集控平台通过计算资源池（CPU、GPU）对这些视频流进行计算处理和图形渲染后，存储到存储资源池，并进行管理，供应用系统进行调用，在终端上进行展示。

视频平台架构如图 6-3 所示。

图 6-3　视频云平台架构

第 7 章

数字孪生平台

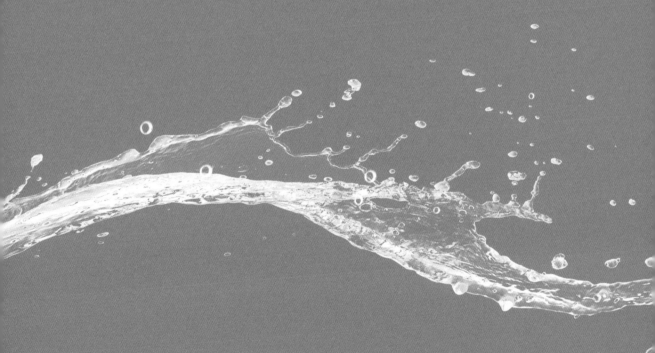

数字孪生平台基于信息化基础设施,利用云计算、物联网、大数据、人工智能、遥感、数字仿真等技术,对物理流域全要素和水利治理管理活动全过程进行数字映射、智能模拟和前瞻预演,支撑城市水务防汛业务"四预"功能实现。

7.1　平台架构

搭建水务防汛数字孪生平台的目的是将防汛水务全要素数据集成,建立防汛模型平台及防汛知识图谱平台,将现实的水务防汛业务及场景重现。平台主要由数据底板、模型平台、"四预"知识平台等构成。数字孪生平台各组成部分功能与关联为:数据底板汇聚水利信息网传输的各类数据,处理后为模型平台和"四预"知识平台提供数据服务;模型平台利用数据底板成果,以防汛专业模型分析物理流域的要素变化、活动规律和相互关系,通过智能识别模型提升水务防汛感知能力,利用模拟仿真引擎模拟物理流域的运行状态和发展趋势,并将以上结果通过可视化模型动态呈现;知识平台汇集数据底板产生的相关数据、模型平台的分析计算结果,经知识引擎处理形成知识图谱服务防汛业务应用(图7-1)。

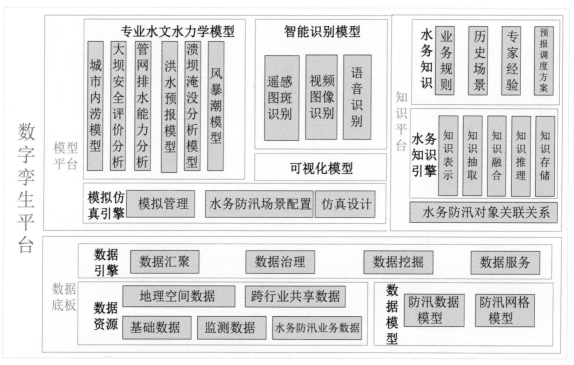

图 7-1　数字孪生架构

7.2 数据底板

数据底板的建立是为后续建设水务防汛"一张图"提供数据底座，若城市水务防汛系统在建立之前，水利部门已有水利"一张图"，则数据底板的建立需在水利"一张图"基础上升级扩展，并完善数据类型、数据范围、数据质量，优化数据融合、分析计算等功能。水务防汛系统的数据底板主要包括数据资源、数据模型和数据引擎等内容。

7.2.1 数据资源

城市水务防汛决策支持系统要发挥决策支持的功能，必须建立完整全面的数据资源，系统数据资源包括地理空间数据、基础数据、监测数据、水务防汛业务数据、跨行业共享数据（图7-2）。数据的时间基准采用北京时间,空间基准采用2000国家大地坐标系(CGCS2000),高程基准采用1985国家高程基准。

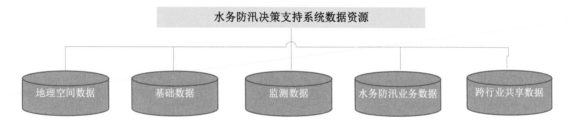

图7-2 系统数据资源组成

1）基础数据

包括流域、河流、湖泊、水利工程等在内的水务防汛对象的主要属性数据和空间数据。

2）监测数据

包括水文、气象、水灾害、水利工程等与水务防汛业务相关联的监测数据。

3）水务防汛业务数据

包括水务防汛相关的业务应用数据。

4）跨行业共享数据

包括需从其他行业部门共享的经济社会、土地利用、应急管理、气象、遥感等相关数据。

5）地理空间数据

主要包括数字正射影像图（DOM）、数字高程模型（DEM）、数字表面模型（DSM）、倾斜摄影影像、激光点云、水下地形、建筑信息模型（BIM）等数据。按照数据精度和建设范围分为L1、L2、L3三级。

L1 级是进行数字孪生流域中低精度面上建模，主要包括全国范围的 DOM、DEM、DSM 等数据。

L2 级是进行数字孪生流域重点区域精细建模，主要包括重点区域的高分辨率 DOM、高精度 DEM 与 DSM、倾斜摄影影像、激光点云、水下地形等数据。

L3 级是进行数字孪生流域重要实体场景建模，主要包括重要水利工程相关范围的高分辨率 DOM、高精度 DEM、倾斜摄影影像、激光点云、水下地形、BIM 等数据。

水务防汛数据分类具体情况见表 7-1。

表 7-1　水务防汛数据分类

序号	数据类别	数据内容
1	基础数据	行政区划、村镇分布、居民地、人口分布、地形地貌、土地利用、河流水系、交通路网及交通枢纽设施、涉及防汛的其他重要基础设施等（如水电站、拦河坝、水厂、重要桥梁等）、河流、湖泊、水库、堤防（海堤）、泵站、灌区、控制站、闸门
2	监测数据	河道水位数据、水库水位数据、大坝安全监测数据、实测雨量数据、分钟雨量数据（或 5 分钟雨量，或 10 分钟雨量）。降雨预报数据、雷达临近降雨预报数据和未来 3 小时、6 小时、24 小时、48 小时、72 小时格网的降雨预报数据、河道视频监控数据、水库视频监控数据
3	水务防汛业务数据	防汛物资数据、水库数据、塘坝数据、堤防数据、水闸数据、险工险段数据、排涝泵站、自动雨量站点、水文（位）站点、视频站点、危险点数据（包括危房、山洪危险房屋人口、地质灾害隐患点、易涝点或低洼地、水流易汇集点、病险水库或山塘、危桥、易出险堤防或病险堤防，避险转移人员等）、防汛抢险转移安置数据（包括防汛指挥部、防汛责任人名单、防汛物资清单、防汛抢险队伍、人员安置点或避险点、人员转移线路等）、其他相关要素（结合防汛的指挥需要、补充其他重要防汛要素，例如区域防汛基本情况、暴雨洪水参数、主要水系概化图及洪水传播时间、洪水风险分布数据等）
4	跨行业共享数据	气象局的气象数据、气象云图，国土局的地理坐标、国土信息
5	地理空间数据	数字正射影像、三维实景数据、地形及遥感影像

7.2.1.1　地理空间数据

二三维多源高精度地理数据是水利工作的重要基础之一，随着地理信息技术的迅速发展，传统的手段已不能适应新形势下防汛的需求及发展。二维到三维、低精度到高精度、低分辨率到高分辨率、数据多元化是智慧化防汛发展的必然趋势。设计将采用行业新型测绘手段，激光雷达、倾斜摄影等方式获取重点区域高精度多源地理信息数据，非重点区域则采取卫星遥感方式获取，共同构建智慧防汛一张图，其中重点区域主要为城区、河道、水库、河道附近密集村镇。

二三维基础数据构建的防汛一张图，能够直观地反映城区空间情况、流域地形地貌、河流形态、防洪工程分布及相关的社会、经济等信息，为城市水务防汛会商、洪水风险图制作、流域综合治理、调度决策等提供三维空间场景的基础数据支撑。

采集基础地理信息数据，除了为防汛平台做数据支撑，后期还可参与到国土空间规划、城市查违、存量信息三维可视化管理等应用，实现一图多应用多部门共享，有效提升城市的应用效能，为精细化应用提供社会化应用服务。

激光点云、三维实景、正射影像图、数字高程模型等使用特定空间数据库存储，并与相应的基础数据库进行关联。

7.2.1.2　基础数据

基础数据主要包含两种类型的数据，一种是可直接存入数据库的，另一种是以文件形式存在不方便直接存入数据库的。基础数据包括行政区划、村镇分布、人口分布、地形地貌、土地利用、河流水系、交通路网及交通枢纽设施、防汛设施等数据；约定目录结构，用来存放原始的和切片的数字正射影像图、三维实景数据。

数据包括但不限于表 7-2 所示类别。

表 7-2　基础数据库

序号	分类名称	数据主体	数据细分项
1	行政区划数据	市、乡镇	—
2	河湖基本信息数据	河道	河流一般信息
3			流域（水系）基本情况
4			河道横断面基本特征值
5			河流、河段信息
6			河段行洪障碍登记信息
7			洪潮水面线信息
8	水利工程（防汛设施）基本信息数据	水库	水库一般信息
9			水库水文特征值信息
10			洪水计算成果信息
11			入库河流信息
12			出库河流信息
13			水库特征值信息
14			水库水位面积、库容、泄量关系信息
15			水库主要效益指标信息

续表 7-2

序号	分类名称	数据主体	数据细分项
16	水利工程（防汛设施）基本信息数据	水库	淹没损失及工程永久占地信息
17			水库大坝信息
18			泄水建筑物信息
19			单孔水位泄量关系信息
20			水库防洪调度信息
21			建筑物观测信息
22			水库运行历史记录信息
23			水库出险年度记录信息
24			水库汛期运用主要特征值信息
25			水库施工情况信息
26			水库下游情况信息
27			小型水库大坝注册登记信息
28			工程图纸
29		堤防	堤防（段）一般信息
30			堤防（段）横断面特征值信息
31			堤防（段）水文特征信息
32			堤防（段）主要效益指标信息
33			堤防（段）历史决溢记录信息
34			堤防图纸
35		险工险段	重点险工险段基本信息
36			工程图纸
37			险点险段出险情况信息
38		城市防洪工程	城市防洪一般信息
40			城市防洪基本情况
41			城市防洪标准
42			城市历年灾情记录

序号	分类名称	数据主体	数据细分项
43	组织机构数据	各级水利行政主管单位组织机构列表	名称、联系方式、负责人等
44		部门列表	
45	政策法规标准	法律法规	—
46		政策	—
47		制度	—
48		标准规范	—

基础数据中基础地理数据例如行政区界、城镇分布、公路、铁路、地貌等，以及水利专题数据例如流域分布、河流分布、水库分布、其他各类水利工程分布等均为空间矢量数据（表 7-3）。

表 7-3　空间基础数据

序号	分类名称	主要内容
1	基础地理数据	行政区界、城镇分布、公路、铁路、地貌、土壤类型、土地覆盖类型、植被类型
2	水利专题数据	流域分区图、河流分布图、水库分布图、其他各类水利工程分布图

7.2.1.3　监测数据

监测数据包括河道水位数据、水库水位数据、气象预警预报数据（外部接入）、雨量数据、河道视频监控数据、水库大坝视频监控数据等（表 7-4）。

表 7-4　监测数据库

序号	分类名称	主要内容
1	水位数据	河道、水库等各类对象的水位监测数据
2	雨量数据	各雨量站监测数据
3	定位数据	水利工程设施、感知监测设备等的 GPS 定位数据
4	大坝安全监测数据	水库大坝渗流、渗压、变形监测等数据
5	视频数据	各类视频监控数据

7.2.1.4 水务防汛业务数据

水务防汛业务数据包括防汛物资数据、水库数据、塘坝数据、堤防数据、水闸数据、险工险段数据、排涝泵站、自动雨量站点、水文（位）站点、视频站点、危险点数据（包括危房、山洪危险房屋人口、地质灾害隐患点、易涝点或低洼地、水流易汇集点、病险水库或山塘、危桥、易出险堤防或病险堤防、避险转移人员等）、防汛抢险转移安置数据（包括防汛指挥部、防汛责任人名单、防汛物资仓库、防汛抢险队伍、人员安置点或避险点、人员转移线路等）、其他相关要素（结合防汛的指挥需要，补充其他重要防汛要素，例如区域防汛基本情况、暴雨洪水参数、主要水系概化图及洪水传播时间等）（表7-5）。

表 7-5 防汛专题数据库

序号	分类名称	主要内容
1	站点基本信息	相关基础设施包括水库、塘坝、堤防、水闸、排涝站、海堤、自动雨量站、水文（位）站、视频站等，水文要素包括流域分布、水流方向、流域面积、代表断面特征水位等
2	易出险（危险点或区域）要素	危房、山洪危险房屋人口、地质灾害隐患点、易涝点或低洼地、水流易汇集点、病险水库或山塘、危桥、易出险堤防或病险堤防、避险转移人员等
3	防汛抢险转移安置要素	防汛指挥部、防汛物资仓库、防汛抢险队伍（人员数量、抢险机械）、安置点或避险点、人员转移线路等
4	其他相关要素	其他重要防汛要素（比如水电站、拦河坝、水厂、重要桥梁等）、暴雨洪水参数、主要水系概化图及洪水传播时间、防汛责任人名单等
5	测站安装调试记录信息库	测站安装调试计划以及过程数据
6	测站巡检维护信息库	测站巡检维护计划以及巡检维护过程详细数据
7	预警信息	预警信号等

7.2.1.5 跨行业共享数据

为了更好地发挥数据使用价值，遵循"一数一源，一源多用"的建设原则，数据共享需从两个维度进行分析：一是从外部获取的数据，用于数据分析、预警预报；二是本项目建成后可提供的数据。

表 7-6 为外部获取数据及其数据来源，由于各省市相关数据来源不一定相同，所以仅供参考。

表 7-6　外部获取数据统计

序号	数据名称	数据来源
1	时空信息云平台	规划部门
2	水位数据	水务部门
3	流量数据	水务部门
4	降雨量	水务部门、气象部门
5	视频监控	公安部门
6	地理空间数据	规划部门
7	台风路径	气象部门
8	卫星云图	气象部门
9	雷达图像	气象部门
10	降雨分布	气象部门
11	预警信号	气象部门
12	管网巡查数据	排水公司及水务集团等
13	河道巡查数据	排水公司及水务集团等
14	水库巡查数据	排水公司及水务集团等
15	避难场所	应急部门

7.2.2　数据模型

7.2.2.1　防汛数据模型

水务防汛数据模型是面向防汛业务应用的多目标、多层次复杂需求，构建的完整描述水务设施对象的空间特征、业务特征、关系特征和时间特征一体化组织的数据模型。

7.2.2.2　防汛网格模型

水务防汛决策支持系统网格模型是服务于城市防汛决策的城市水安全网格和服务于城市水环境治理的城市排水水环境网格。网格模型以排水分区作为最小单元的网格化管理模型，支撑实现城市防洪、内涝防治、指挥调度、防洪抢险救灾等活动的网格化联动。

7.2.3　数据引擎

数据引擎是提供多维、多时空尺度数据汇聚、清洗、转换、共享、展示、计算、更新等服务能力，具备多类型、多层次数据仓库，实现各类数据的采集清洗、标准化治理、数据服务、应用服务的支撑件。数据引擎采用人工智能数据处理模型，支持 DEM、TIFF 等主流 DEM 数据格式，支持 OSGB、OBJ、FBX、STL、3DS 等主流倾斜摄影数据格式，支持 PCD、PLY、TXT、LAS、STL 等主流激光点云数据格式，支持 DWG、DXF、DWF、DGN、PLN、RVT、STEP 等主流 BIM 数据格式。

7.2.3.1　数据汇聚

数据汇聚通过构建涵盖业务数据汇集、视频级联集控、遥感接收处理等数据管理的平台化能力，为模型平台和知识平台提供数据支撑。业务数据汇集实现汇集主要业务数据资源的统一管控，满足汇集重要业务数据的需求。视频级联集控实现跨层级水利视频联网，并与现有水利视频会议系统互联互通支持多级应用。各级应接入本级所辖水利视频资源，推进接入其他部门共享视频。遥感接收处理在现有卫星遥感数据统一管理基础上完善，提供数据级和产品级服务，各级水利业务应用可根据实际需求开展数据的加工和应用。

7.2.3.2　数据治理

数据治理对汇集后的多源数据进行统一清洗和管理，提升数据的规范性、一致性、可用性，避免数据冗余和冲突。数据治理包括数据模型管理、数据血缘关系建立、数据清洗融合、数据质量管理、数据开发管理、元数据管理等。

7.2.3.3　数据挖掘

数据挖掘运用统计学、机器学习、模式识别等方法从数据资源中发现物理流域全要素之间存在的关系、水利治理管理活动全过程的规律通过图形、图像、地图、动画等方式展现，包括描述性、诊断性、预测性和因果性分析等。

7.2.3.4　数据服务

数据服务依托已有国家和水利行业的数据共享交换平台，实现各类数据在各级水行政主管部门之间的上报、下发与同步，以及与其他行业之间的共享。数据服务包括地图服务、数据资源目录服务、数据共享服务和数据管控服务等。

7.3　模型平台

在模型平台建设过程中，要按照"标准化、模块化、云服务"的要求，制定模型平台开发、模型调用、共享和接口等技术标准，保障各类模型的通用化封装及模型接口的标准化，以微服务方式提供统一调用服务，这样才可以供相关单位灵活调用。模型平台主要包括专业水文水力学模型、智能识别模型、可视化模型和模拟仿真引擎。

7.3.1　专业水文水力学模型

专业水文水力学模型包括机理分析模型、数理统计模型、混合模型等三类。机理分析模型是基于水循环自然规律，用数学语言和方法描述研究对象的要素变化、活动规律和相互关系的数学模型；数理统计模型是基于数理统计方法，从海量数据中发现研究对象要素之间的关系并进行分析预测的数学模型；混合模型是将机理分析与数理统计进行相互嵌入、系统融合的数学模型。

按照具体的应用场景，专业水文水力学模型主要包含洪涝灾害风险综合分析模型、管网排水能力分析模型、大坝安全评价分析模型、风暴潮模型等。

7.3.2　洪涝灾害风险综合分析模型

7.3.2.1　霍顿（Horton）模型

Horton 模型是一个经验公式，公式的一般形式是：

$$f_p = f_\infty + (f_0 - f_\infty)\mathrm{e}^{-\alpha t} \tag{7-1}$$

式中：f_p——土壤下渗能力，又称下渗容量；

　　f_0——初始下渗率；

　　f_∞——最终下渗率；

　　t——时间；

　　α——衰减指数。

实际下渗率 $f(t)$ 为：

$$f(t) = \min[f_p(t), i(t)] \tag{7-2}$$

f_0 和 f_∞ 的典型值常大于雨强值，如果 f_p 只是时间的函数，f_p 会逐渐减小。这就导致不论进入土壤的水量是多少，下渗能力f_p都会不断减小。

为了弥补这一缺陷，模型采用式（7-1）的积分形式：

$$F(f_p) = \int_0^{t_p} f_p \mathrm{d}t = f_\infty t_p + \frac{(f_0 - f_\infty)}{\alpha} + (1 - \mathrm{e}^{-\alpha t_p}) \tag{7-3}$$

式中：$F(f_p)$——t_p时刻的累积下渗量。

假定实际下渗率等于f_p，在实际中，这种情况很少发生，实际的累积下渗量是：

$$F(t) = \int_0^t f(\tau)\mathrm{d}\tau \tag{7-4}$$

由式（7-3）和式（7-4）可以确定t_p，即用式（7-4）求出的实际累积下渗量应等于式（7-3）求出的 Horton 曲线下的面积。通常情况下，t_p很难由方程精确计算。注意到：$t_p \leqslant t$。这说明累积 Horton 曲线上的t_p小于或等于实际发生的时间，同时说明某一时刻实际可达到的下渗能力$f_p(t_p)$将大于或等于由式（7-1）求出的下渗能力。这样，f_p将是实际累积下渗量的函数，而不仅仅是时间的函数。

7.3.2.2　格林 - 安姆普特（Green-Ampt）模型

Green-Ampt 模型第一步估算地表饱和前的下渗量，第二步直接用 Green-Ampt 公式计算下渗能力。

当$F < F_s$时，有：

$$f = i \text{ 及} \begin{cases} F_s = \dfrac{S \cdot IMD}{i / K_s^{-1}}, & i > K_s^{-1} \\ \text{不计算} F_s, & i \leqslant K_s^{-1} \end{cases} \tag{7-5}$$

式中：F——累积下渗量；

　　F_s——地表饱和所需累积下渗量；

　　S——湿润峰面处平均毛细管吸力；

IMD——初始土壤湿度缺损；

　　K_s——饱和水力传导度。

当$F \geqslant F_s$时，有：

$$f = f_p \tag{7-6}$$

$$f_p = K_s(1 + \frac{S \cdot IMD}{F}) \tag{7-7}$$

式（7-5）表明，地表饱和所需降雨量取决于雨强的当前值。因而，对于每个时段，都先计算出F_s值，并与该次事件中已下渗的降雨量做比较，只有当F大于等于F_s时，地表才会饱和，这时利用式（7-6）和式（7-7）做进一步计算。

当 $i \leqslant K_s^{-1}$ 时，所有的降雨都下渗，并只用于补充 IMD，在这种低雨强下，累积下渗量保持不变。

式（7-6）和式（7-7）表明，地表饱和后的下渗率取决于已有的下渗量，而下渗量又取决于前段时间的下渗率。为了避免长时间步长累积误差，采用 Green-Ampt 公式的积分，以 df / dt 代替 f_p，并积分得

$$K_s(t_2 - t_1) = F_2 - C\ln(F_2 + C) - F_1 + C\ln(F_1 + C) \tag{7-8}$$

用 New-Raphson 法迭代求解式（7-8），即得出时段末的累积下渗量。这样当地表饱和时，时段 $t_2 - t_1$ 内的下渗量为 $(t_2 - t_1)i$；地表饱和后，有足够的水补充，下渗量为 $F_2 - F_1$。如果地表饱和发生在时段 $t_2 - t_1$ 内，则时段内各阶段（未饱和 + 饱和）的下渗量之和为时段下渗量。当降雨结束或雨强小于下渗能力时，任何滞蓄在地表的水量都可下渗，并加到累积下渗量中去。

7.3.2.3　一维水动力学模型

1）模型基本方程

圣维南方程是描述水道和其他具有自由表面的浅水体中渐变不恒定水流运动规律的偏微分方程组。式（7-9）上式为连续方程，反映了水道中的水量平衡，即沿程流量的变化率（第一项）应等于蓄量的变化率（第二项）。式（7-9）下式为运动方程。其中第一项反映某固定点的局地加速度，第二项反映由于流速的空间分布不均匀所引起的对流加速度。以上两项称为惯性项。第三项反映由于底坡引起的重力作用，称为重力项。第四项反映了水深的影响，称为压力项。第三、四项可合并为一项，即水面比降。第五项为水流内部及边界的摩阻损失。该式表达了重力与压力的联合作用使水流克服惯性力和摩阻引起的能量损失而获得加速度。

$$\begin{cases} B\dfrac{\partial z}{\partial t} + \dfrac{\partial Q}{\partial x} = 0 \\ \dfrac{\partial Q}{\partial t} + \dfrac{\partial}{\partial x}(Qu) + gA\dfrac{\partial h}{\partial x} - gAs_0 + gAs_f = 0 \end{cases} \tag{7-9}$$

式中：　Q——流量；

　　　　z——水位；

　　　　A——过水断面面积；

　　　　h——水深；

　　　　s_0——河底比降；

　　　　s_f——摩阻比降；

　　　　u——断面平均流速。

该方程具有一些基本假设，具体如下：

①假设断面水面在河道横向方向（宽度方向）上水平；

②流速沿整个过水断面（一维情形）或垂线（二维情形）均匀分布，可用其平均值代替。不考虑水流垂直方向的交换和垂直加速度，从而可假设水压力呈静水压力分布，即与水深成正比；

③河床比降小，其倾角的正切与正弦值近似相等；

④水流为渐变流动，水面曲线近似水平。此外，在计算不恒定的摩阻损失时，常假设可近似采用恒定流的有关公式；

⑤水的密度为常数。

圣维南方程组描述的不恒定水流运动是一种浅水中的长波传播现象，通常称为动力波。因为水流运动的主要作用力是重力，属于重力波的范畴。如果忽略运动方程中的惯性项和压力项，只考虑摩阻和底坡的影响，简化后方程组所描述的运动称为运动波。如果只忽略惯性项的影响，所得到的波称为扩散波。运动波、扩散波及其他简化形式可以较好地近似某些情况的流动，同时简化计算便于实际应用。

2）方程计算方法

圣维南方程组属于拟一阶线性双曲型偏微分方程组，现有的数学理论目前还无法求出方程一般情况下的解析解，一般都采用数值方法进行求解，或采用差分法进行求解方程组。

对求解域 X-T 进行网格剖分，即在上半平面上画出两族平行于坐标轴的直线，把求解域分成矩形网格，如图 7-3。网格线的交点成为节点，x 轴方向上网格线之间的距离 Δx 称为空间步长，T 轴方向上网格线之间的距离 Δt 称为时间步长。如果网格剖分使得每一空间步长、时间步长均相等，则该网格为均匀网格，否则是非均匀网格。

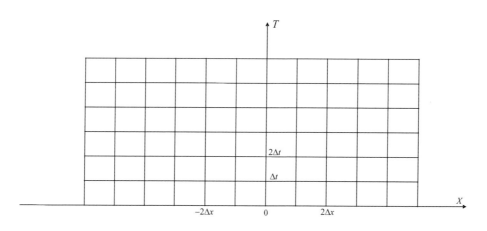

图 7-3 计算域网格划分

数值解主要是求解节点上的未知变量的数值，利用有限的节点上的值来代替整个求解域内的连续函数值。如果节点上的函数值已求出，则节点以外的函数值可利用节点上的值进行差值求解。

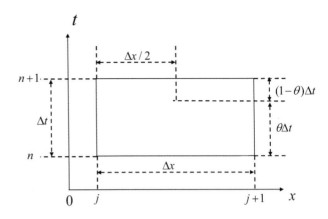

图 7-4　Preissmann 隐式方法离散方式

本书中一维河道采用有限差分方法，采用 Preissmann 隐式格式方法进行离散求解。Preissmann 隐式方法离散方式如图 7-4 所示。

$$\begin{cases} f|_M = \dfrac{\theta}{2}(f_{j+1}^{n+1} + f_j^{n+1}) + \dfrac{1-\theta}{2}(f_{j+1}^n + f_j^n) \\[2mm] \dfrac{\partial f}{\partial x}|_M = \theta\dfrac{f_{j+1}^{n+1}+f_j^{n+1}}{\Delta x} + (1-\theta)\dfrac{f_{j+1}^n+f_j^n}{\Delta x} \\[2mm] \dfrac{\partial f}{\partial x}|_M = \theta\dfrac{f_{j+1}^{n+1}+f_j^{n+1}-f_{j+1}^n-f_j^n}{2\Delta t} \end{cases} \tag{7-10}$$

式中，θ 为加权系数，$0 \leqslant \theta \leqslant 1$。这个是 Pressmann 原始离散的方法，对圣维南方程进行离散，得到以增量表达的非线性方程组，忽略二阶微量简化成线性代数方程组，可以直接求解。连续性方程和动量方程的离散分别如下：

（1）连续性方程

$$Q_{j+1}^{n+1} - Q_j^{n+1} + C_j z_{j+1}^{n+1} + C_j z_j^{n+1} = D_j \tag{7-11}$$

$$\text{其中：}\ C_j = \frac{B_{j+1/2}^n \cdot \Delta x_j}{2\Delta t \theta} \tag{7-12}$$

$$D_j = \frac{q_{j+1/2} \cdot \Delta x}{\theta} - \frac{1-\theta}{\theta}(Q_{j+1}^n - Q_j^n) + C_j(Z_{j+1}^n + Z_j^n) \tag{7-13}$$

（2）动量方程

$$E_j Q_{j+1}^{n+1} + G_j Q_j^{n+1} + F_j Z_{j+1}^{n+1} - F_j Z_j^{n+1} = H_j \tag{7-14}$$

$$其中：E_j = \frac{\Delta x_j}{2\theta \Delta t} - (\alpha u)_j^n + (\frac{g|u|}{2\theta C^2 R})_{j+1}^n \Delta x_j \tag{7-15}$$

$$G_j = \frac{\Delta x_j}{2\theta \Delta t} + (\alpha u)_{j+1}^n + (\frac{g|u|}{2\theta C^2 R})_{j+1}^n \Delta x_j \tag{7-16}$$

$$F_j = (gA)_{j+1/2}^n \tag{7-17}$$

$$H_j = \frac{\Delta x_j}{2\theta \Delta t}(Q_{j+1}^n + Q_j^n) - \frac{1-\theta}{\theta}[(auQ)_{j+1}^n - (auQ)_j^n] - \frac{1-\theta}{\theta}(gA)_{j+1/2}^n(Z_{j+1}^n - Z_j^n) \tag{7-18}$$

其中C_j、D_j、E_j、F_j、G_j、H_j均有初值计算，所以方程式为常系数线性方程组。

7.3.2.4 二维水动力学模型

根据地面高程模型，并考虑道路、建筑物等对水流的引导和阻挡作用，考虑地面上不同类型地块的糙率对流速的影响，例如道路、草地等，考虑地面的下渗作用（Horton 模型），考虑根据关注程度设定不同精度的网格，考虑湖泊、河道等水位边界，模拟出洪水在地面上行进的过程。

（1）控制方程

二维洪泛区内的水流运动十分复杂，比如洪水在口门处向四周扩散，且优先沿河槽纵向泄流、在河槽蓄满溢流或决堤后又与槽外水体进行横向水量交换。这些局部的水流运动性质各不相同，比如河槽内水流具有一维性，河槽外水流具有二维性，决口处水流则具有三维性。一般情况下，洪水是在两岸设有堤防的河道内运动，一维 St.vennant 方程组可以解决河道过流能力和水位升降的变化，而洪水到达时间、洪水淹没范围、淹没水深、淹没历时等需要做二维洪水模拟计算，采用守恒型的浅水波方程作为二维洪水运动的控制方程。

（2）计算方法

二维洪水计算模型根据求解途径也可分为水文学方法和水力学方法两类。水文学方法是以水量平衡方程和槽蓄关系为基础，该类方法求解简单方便，但参数的率定需大量的实测资料，模型适用性差；水力学方法是用数值方法直接求解浅水波方程，该方法可给出较为详细的水流信息，常用的算法模型包括了以下几种：蓄量模型、水池模型、扩散模型、显式蛙跳法、考虑通度系数的有限体积法等。本项目二维模型采用二维有限体积法求解浅水流方程组。

（3）二维模型构建

各个编制区域二维模型将首先引入地面高程模型，然后根据 GIS 地理数据直接引入城市中的各类建筑物及其他阻碍，在此基础上二维模型自动生成三角计算网格，网格生成器通过最大三角面积和 / 或最小三角形角度来控制分辨率。对网格的不同部分可以有所不同，从而使得在关键区域周围保持使用高分辨率，而在比较平坦、特征不太明显、不太重要的区域使用较低的分辨率。网格生成器也可包括空间物体（建筑物）、波浪线与墙体在内，从而进一步定义重要水力特征，并可以使用多边形划定范围来指定粗糙度分区。二维模型将计算出各三角网格内的积水深度及流速，最终得到地面积水的积水深度及积水漫溢的路径及流速。

在各个编制区域二维模型构建过程中，关键步骤包括：线状构筑物的处理、地面模型构建并导入模型、区域降雨处理、糙率分区、水利工程调度规则的逻辑控制、网格划分等。

①线状构筑物的处理：各个编制区域流域线状地物处理主要为道路的处理。由于原始道路节点间距不规则，划分网格时容易产生小网格，对模型计算不利，为此需要对道路的节点进行均匀化，即抽稀处理。另外，鉴于原始道路图层缺少高程值，在道路抽稀完成后，利用测量的道路高程值在模型中采用透水墙概化道路并对其进行赋值。

道路抽稀长度将控制为 150 m 一个节点，然后根据道路测量高程点对道路进行打断，并将高程点作为分段道路的高程，之后对交汇点进行修正，使所有交汇点都完全拟合，作为城区内挡水建筑物（透水墙）处理。

②地面模型构建并导入模型：地形数据是二维模型网格剖分的基础，对洪水分析结果影响较大。各个编制区域的 DEM 将采用比例尺不小于 1：10 000 的数据，以此数据进行地面模型的构建。完成地面模型构建及拼接处理后，将地面模型导入耦合模型网络中。

③区域降雨处理：利用前文介绍的降雨径流模型，处理各个编制区域计算区域内的降雨，各集水区内降雨直接降到二维计算网格上，根据网格之间的高程差别，采用水文模型计算汇流过程，降雨首先由地面上的检查井进入地下管网，然后由地下管网进入河道，当地面上的积水深度高于河流两岸堤防高程时，河道与淹没区域产生水流交换。

实况年降雨模型构建时将根据各个编制区域相关雨量站的实测降雨资料，采用泰森多边形进行雨量的空间分配，在二级汇水分区的基础上进行集水区划分。

④糙率分区：根据各个编制区域下垫面信息，将下垫面数据导入模型，确定不同区域的糙率值，创建糙率分区，并设置不同的糙率。下垫面共分为居民地、耕地、林地、城市绿地、水系 5 类。

⑤水利工程调度规则的逻辑控制：完成各个编制区域洪水风险图模型改造后，根据水利工程实际的调度规则进行逻辑控制，包括闸门的调度、水泵的启闭等。

⑥网格划分：一般采用 2D 区间概化二维模拟区域，2D 区间以面状对象概化。糙率则根据下垫面条件的不同分别确定。网格划分时以计算域外边界、区域内堤防、阻水建筑物、较大河渠、主要公路、铁路作为依据，采用无结构不规则网格。

7.3.2.5　新安江模型

新安江模型是一个分散性的概念性模型。最初研制的二水源新安江模型产流计算中应用蓄满产流概念，蒸散发计算采用一层或二层模型，用稳定下渗率 Fc 将水源划分为地面径流和地下径流两种，流域汇流计算采用单位线法，河道汇流采用马斯京根分段连续演算法。20 世纪 80 年代中期根据山坡水文学的概念，借鉴国外的一些研究成果，提出了三水源新安江模型。三水源新安江模型产流计算中应用蓄满产流概念；蒸散发计算采用三层模型；将水源划分为地表径流、壤中流和地下径流三种；汇流计算分为坡面汇流和河网汇流两部分，坡地汇流采用线性水库或单位线；河道汇流采用马斯京根分段连续演算法。新安江模型的特点是：模型参数少且具有明确的物理意义，容易优选；产流计算简单，汇流计算相对复杂；模型中未设超渗产流机制，适用于湿润与半湿润地区且应用效果好。

1）模型结构

为了考虑降雨分布不均匀的影响，新安江模型设计为分散性的。按泰森多边形法或天然流域划分法将全流域划分为 N 块单元流域，在每块单元流域内至少有一个雨量站。单元流域应大小适当，使得每块单元流域上的降雨分布相对比较均匀。为了考虑下垫面条件的不同及其变化，应尽可能使单元流域与自然流域相一致，以便于利用小流域的实测水文资料和对问题的分析与处理。例如流域内有水文站或大中型水库，则水文站或大中型水库以上的集水面积应作为一块单元流域。

对划分好的每块单元流域分别进行产流、汇流计算，得到单元流域出口的流量过程；对单元流域出口的流量过程进行出口以下的河道汇流计算，得到该单元流域在全流域出口断面的流量过程；将每块单元流域在全流域出口断面的流量过程线性叠加，就求得了全流域出口断面总的流量过程。

三水源新安模型每块单元流域的计算流程见下图 7-5。图中方框内为状态变量及参数值。输入为实测降雨量过程 和实测蒸发皿蒸发过程；输出为流域出口断面流量过程 和流域实际蒸散发过程 。

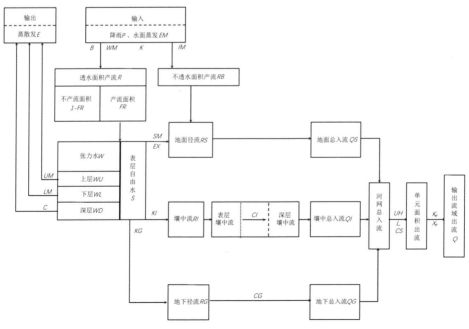

图 7-5　三水源新安江模型计算流程

模型结构可分为蒸散发计算、产流计算、分水源计算和汇流计算 4 个层次结构。

2）模型参数

新安江模型各层次计算采用的方法及相应参数见表 7-7。新安江模型在我国应用较广，模型计算的详细介绍在此不再赘述。

表 7-7　新安江模型各层次计算采用的方法及相应参数

层次	（第一层次）蒸散发计算	（第二层次）产流计算	（第三层次）水源划分		（第四层次）汇流计算
			二水源	三水源	坡面汇流
方法	三层模型	蓄满产流	稳定下渗率	自由水蓄水库	单位线或线性水库或滞后演算法
参数	K、UM、LM、C	WM、B、IM	FC	SM、EX、KG、KI	UH、CI、CG、CS、L

7.3.2.6　分布式流域水文模型

山区河流洪水预报，对于新建水文控制站而言，完全没有水位流量资料。对于原有测站，也可能存在水文历史资料系列长度不够、已有雨量站点不足等问题。对于此类站点的洪水预报，应以 DEM 为基础，基于小流域提取成果，计算小流域分布式单位线，进行河道演算，用分布式水文模型进行洪水模拟，用总出口断面流量资料做检验，最后根据下垫面相似性移用于无水文资料流域。提取水文站的流域地貌特征时采用的 DEM 数据要求比例尺大于 1 ： 50 000。

分布式单位线分析的关键是确定具有空间和时程分布特性的流速值，计算顺序为：从分水线上的网格开始，向河网内的网格逐步进行。

1）坡面上网格流速的计算

（1）分水线上和集水面积为单位 1 的网格

流速计算公式为：

$$v = \frac{(rf)^{0.4} \cdot S^{0.3}}{n^{0.6} \cdot b^{0.4}} \tag{7-19}$$

式中：r——计算时段 Δt 内平均净雨强度（或径流强度）；

v——与 r 对应的流速；

f——集水面积；

S——网格的地形坡度；

n——曼宁糙率；

b——水流宽度，根据流向可取为 l 或 $\sqrt{2}l$，l 为网络边长。

（2）集水面积大于单位 1 的网格

利用子时段 $\Delta\tau$ 计算时段 Δt 离散为 n（$n=\Delta t/\Delta\tau$）个子时段，根据集水区域内各网格的流速，以网格为出口，计算各网格的汇流时间，统计时间与面积关系。按等流时线法得到通过计算网格的流量过程，根据流量过程计算平均流量 $\bar{q}$，利用式（7-20）计算网格与 r 对应的流速：

$$v = \frac{(\bar{q})^{0.4} \cdot S^{0.3}}{n^{0.6} \cdot b^{0.4}} \qquad (7\text{-}20)$$

2）河道内网格流速的计算

（1）河网"外链"河段内的网格

对于"外链"河段内的网格，首先根据以上方法计算出通过网格的时段平均流量，然后根据河道演算模型中的方法计算对应的断面平均流速。

（2）河网"内链"河段内的网格

对于"内链"河段内的网格，在洪水模拟计算过程中实时计算。认为同一河段内网格的流速相同，等于河段内断面平均流速。根据上断面模拟的入流过程，利用河道演算模型中的方法计算河段内断面平均流速。

3）汇流时间的计算

流域（或计算单元）中的每一点，都有一条固定的到达其出口的汇流路径。在 DEM 中，格网内的径流沿坡度最大方向流向其周围相邻的网格，据此得到该网格内的径流向出口汇集的路径。根据网格尺寸及网格中的水流速度，由式（7-21）计算出每一个网格中径流的滞留时间：

$$\Delta\tau = L/v \text{ 或 } \Delta\tau = \sqrt{2}L/v \qquad (7\text{-}21)$$

式中，L 为网格的边长转换为实际距离的长度。沿着汇流路径，由式（7-22）可以计算出各网格到达流域出口的汇流时间：

$$\tau = \sum_{i=1}^{m} \Delta\tau_i \qquad (7\text{-}22)$$

式中，m 为径流路径上网格的数量。

4）单位线的计算

将网格汇流时间看作随机变量，进行概率统计分析，得到时间与面积（汇流时间与流域面积）的关系，然后分析出单位线。

对于河网"外链"河段对应的子流域，预先分析出不同量级净雨强度（或径流强度）对应的单位线，在洪水模拟过程中由计算机自动调用。

对于河网"内链"河段对应的子流域，预先计算出所有网格内在不同量级净雨强度（或径流强度）情况下的滞留时间，在洪水过程模拟时，根据河段内网格的流速计算单元内各网格的汇流时间，实时计算单位线。

由于在计算网格汇流时间时没有考虑流域调蓄作用，所以还必须对计算结果进行一次水库调蓄才能得到所需单位线。

7.3.3　管网排水能力分析模型

城市内涝模型主要解决降雨量经过地表和管网后是否产生内涝积水的预测，降雨在城市地表和地下的分配主要有地表产流、地表汇流、管网汇流三个过程。

1）地表产流

产流主要是指扣除了蒸发、植被截留、地面填洼、土壤下渗等一系列降雨损失之后形成的净雨。由于城市下垫面的特殊性，加之产生城市内涝灾害主要由短历时的强降雨引起，因此在进行单场降雨的城市内涝模拟时，简化处理忽略蒸发量。但城市受人类活动影响最大，地表覆盖物种类多且复杂，造成产流不均匀，因此难以准确计算出产流量。城市复杂的下垫面一般可分为不透水面及透水面两部分。对不透水面的产流计算均直接利用降雨量扣除截留、填挖量；对透水区计算方法则较为复杂且种类也多，植被截留和地面填洼属于前损（初损），土壤下渗属于后损，计算初损的方法一般为限值法和美国土壤保持局的径流曲线数（SCS-CN）法。后损则根据不同的下渗模型进行计算，比如 Richard 方程、Green-Ampt 下渗模型、Horton 下渗模型、SCS-CN 曲线法等。

在模型中，根据各个子汇水区不同的地表特性，将每个子汇水区划分成透水的区域 A_1 和不透水的区域，不透水区域中又分为有洼蓄能力的不透水区 A_2 和无洼蓄能力的不透水区 A_3，如图 7-6 所示。

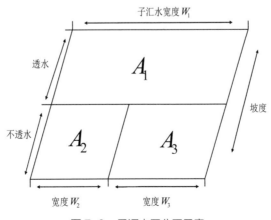

图 7-6　子汇水区分区示意

无洼蓄能力的不透水区在地表产流过程中的损失主要是雨水的蒸发量，但是在使用模型进行暴雨模拟时，过程中的雨水蒸发量可以忽略不计，得到无洼蓄能力的不透水区上的地表产流总量的公式如下：

$$R_1 = P \qquad (7\text{-}23)$$

式中：R_1——无洼蓄能力不透水区产流量（mm）；

　　　P——降雨量（mm）。

有洼蓄能力的不透水区在地表产流过程中的损失主要为地面洼蓄储水，区域地表产流量为扣除地表蓄存后的降雨量，公式如下：

$$R_2 = P - G \qquad (7\text{-}24)$$

式中：R_2——有洼蓄能力不透水区产流量（mm）；

　　　P——降雨量（mm）；

　　　G——地面洼蓄量（mm）。

透水的区域的在地表产流过程中的损失除了地面洼蓄储水量还有地表入渗量，因此透水区域的地表产流量为总降雨量减去地面洼蓄储水量和地表入渗量，公式如下：

$$R_3 = P - G - I \qquad (7\text{-}25)$$

式中：R_3——透水地表上的产流量（mm）；

　　　P——降雨量（mm）；

　　　G——地面洼蓄量（mm）；

　　　I——入渗量（mm）。

降雨时水分在地面截流和地表洼蓄之后沿垂直和水平方向渗入土壤中的运动过程称为下渗。降雨强度、地表类型、下渗前土壤的含水量等因素都会影响到下渗过程。模型中对于下渗量的计算，提供了 Horton 模型、Green-Ampt 模型和 SCS-CN 模型三种下渗过程演算模型。三种模型下渗原理不同，需要依据研究区不同的土壤条件来选取合适的下渗模型。

（1）Horton 模型

Horton 模型是霍顿教授在大量试验的基础上提出的一种经验公式。它只需考虑入渗率与时间的变化关系，使用时要根据实际情况设定相关参数，不需要考虑土壤的初始条件，让它相比其他下渗模型具有更高的灵活性，适用于较小的研究区域。计算公式为：

$$f = (f_0 - f_c)\mathrm{e}^{-kt} + f_c \qquad (7\text{-}26)$$

式中：f——t 时刻的入渗速率（mm/s）；

　　　f_c——最小入渗速率（mm/s）；

　　　f_0——最大入渗速率（mm/s）；

　　　k——入渗衰减常数；

　　　t——降雨历时（s）。

（2）Green-Ampt 模型

Green-Ampt 模型是 1911 年由格林和安姆普特提出的一种对土壤要求高、参数难以确定的下渗模型，更多地应用于垂直下渗中。它以达西（Darcy）定律为基础，首先需要对土壤的情况进行假定，假定土壤中存有两个分开的界面：一个为湿润界面，土壤中的水分达到完全饱和；另一个界面的土壤含水量不变，不计地面积水。计算公式为：

$$f = K_s(1 + \frac{S_f}{Z_f})$$ （7-27）

式中：f——入渗率（mm/s）；

　　　K_s——土壤饱和导水率（cm/s）；

　　　S_f——湿润界面峰处的吸力（cmH$_2$O）；

　　　Z_f——概化的湿润峰深度（cm）；

（3）SCS-CN 模型

SCS-CN 模型是 20 世纪 50 年代美国农业部水土保持局（Soil Conservation Service）开发的一种结构简单的经验数学模型，根据反映流域综合特征的综合参数 CN 进行入渗计算。CN 与流域土壤类型、植被覆盖、土地利用、地形等因素有关，该计算方法结构简单、计算方便，考虑了土地利用变化对产流的影响。径流曲线法反映的是不同类型的下垫面和前期土壤含水量状况对降雨产流的影响，而并不反映降雨过程和降雨强度对产流的影响，适合用于大尺度流域产流模型的计算。计算公式为：

$$Q = \frac{(P - I_a)^2}{P - I_a + S}$$ （7-28）

式中：Q——实际径流量（mm）；

　　　P——降雨量（mm）；

　　　S——最大洼蓄量（mm）；

　　　I_a——初始洼蓄量（mm）；模型中 I_a 与 S 之间采用经验公式 $I_a = 0.2S$ 确定。

2）地表汇流

雨水到达地面产流后流入雨水管网系统的集水口这一过程叫作汇流，根据城市地面汇流的复杂性，有两类汇流计算方法，分别是水文学方法和水动力学方法。水文学方法是采用系统分析的方法，考虑汇流过程的物理机制与定律，建立输入和输出关系，进而模拟坡面的汇流过程，主要有瞬时单位线法、等流时线法和非线性水库法等；水动力学模型是利用连续性方程和动量方程求解圣维南方程组，代表性的方法为非线性运动波法。

地表汇流计算采用的是非线性水库模型，模型原理示意如图 7-7 所示。

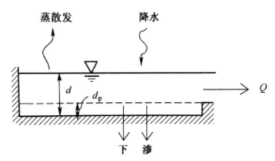

d —蓄水池水深；d_p —蓄水池最大洼蓄深；Q —地表出流

图 7-7　非线性水库模型原理

非线性水库模型是将连续方程和曼宁方程联立求解而得出。连续方程为：

$$\frac{\mathrm{d}V}{\mathrm{d}t} = A\frac{\mathrm{d}d}{\mathrm{d}t} = Ai^* - Q \tag{7-29}$$

式中：　V——地表集水量，$V=Ad$（m^3）；

$\qquad$ d——水深（m）；

$\qquad$ t——时间（s）；

$\qquad$ A——地表面积（m^2）；

$\qquad$ i^*——降雨强度（mm/s）；

$\qquad$ Q——出流量（m^3/s）。

出流量的计算采用曼宁方程：

$$Q = \frac{1.49W}{n}(d-d_p)^{5/3}S^{1/2} \tag{7-30}$$

式中：　W——子流域漫流宽度（m）；

$\qquad$ n——地表曼宁系数；

d_p——地表最大洼蓄深（m）；

S——子流域平均坡。

联立上述两个公式，合并为非线性微分方程，求解未知数：

$$\frac{\mathrm{d}d}{\mathrm{d}t} = i^* - \frac{Q}{A} = i^* - \frac{1.49W}{An}(d-d_p)^{5/3}S^{1/2} = i^* - WCON(d-d_p)^{5/3}$$

$$WCON = \frac{1.49W}{An}S^{1/2}$$

（7-31）

上述方程可用有限差分法进行求解。因此，方程右边的净入流量和净出流量可取时段平均值，降雨强度 也取时段平均值，则上述方程可简化为：

$$\frac{d_2 - d_1}{\Delta t} = i^* - WCON\left[d_1 - \frac{1}{2}(d_2 - d_1) - d_p\right]^{5/3}$$

（7-32）

式中：Δt——时间步长（s）；

d_1——时段内水深初始值（m）；

d_2——时段内水深末位值（m）；

首先采用下渗计算模型计算出时间步长内的平均下渗率，再利用牛顿 – 拉夫逊（Newton-Raphson）迭代法求解上述方程中的d_2，最后将d_2代入曼宁公式中，求出时段内出流量Q。

3）管网汇流

管网汇流是经地表汇流的雨水经过节点进入排水管道进一步汇集的过程。其计算方法与地表汇流的方法类似，主要有水文学方法和水动力学方法，诸如瞬时单位线法和马斯京根法为早期较常用的水文学方法。近年来由于对城市防洪排涝标准的提高以及计算机技术的发展，雨水在管网内的运动需要更为精确和贴近实际情况的表达，采用物理和数学方法对二维圣维南方程进行求解。动力波法是通过求解完整的圣维南方程组进行汇流计算，是目前最复杂、最准确、功能最强大的演算方法，可以考虑管渠的蓄变、回水、入口及出口损失、逆流及有压流动。圣维南方程组是对管道非恒定流运动进行描述，包括动量方程和连续性方程，动力波法应用于排水系统管道，故还包括每一个节点的质量守恒方程。动力波法可以模拟环状管渠系统，以及具有多条下游管段节点的分叉系统。

其中动力波法主要的方程包括管道控制方程（连续方程和动量方程）和节点控制方程。

（1）管道控制方程

管道控制方程分为连续方程和动量方程。

连续方程：

$$\frac{\partial Q}{\partial x} + \frac{\partial A}{\partial t} = 0$$

（7-33）

式中：Q——流量（m³/s）；

　　　A——过水断面面积（m²）；

　　　t——时间（s）；

　　　x——距离（m）。

动量方程：

$$g \cdot A \cdot \frac{\partial H}{\partial x} + \frac{\partial (Q^2 / A)}{\partial x} + \frac{\partial Q}{\partial t} + g \cdot A \cdot S_f = 0 \qquad （7\text{-}34）$$

式中：H——水深（m）；

　　　g——重力加速度，取 9.8 m/s²；

　　　S_f——摩阻坡度，可由曼宁公式求得。

曼宁公式：

$$S_f = \frac{K}{g \cdot A \cdot R^{4/3}} \cdot Q \cdot |V| \qquad （7\text{-}35）$$

式中：K——转换系数，$K = g \cdot n^2$，n 为管道的曼宁系数；

　　　R——过水断面的水力半径（m）；

　　　V——流速，取绝对值表示摩擦阻力方向与水流方向相反（m/s）。

假设 $Q^2 / A = v^2 A$，v 表示平均流速，将 $Q^2 / A = v^2 A$ 代入方程（7-34）中的对流加速度 $\frac{\partial (Q^2 / A)}{\partial x}$，可得方程：

$$g \cdot A \cdot \frac{\partial H}{\partial x} + 2A \cdot v \cdot \frac{\partial v}{\partial x} + v^2 \cdot \frac{\partial A}{\partial x} + \frac{\partial Q}{\partial t} + g \cdot A \cdot S_f = 0 \qquad （7\text{-}36）$$

将 $Q = Av$ 代入连续方程（7-33），方程两边再同时乘以 v，移项得方程

$$A \cdot v \cdot \frac{\partial v}{\partial x} = -v \cdot \frac{\partial A}{\partial t} - v^2 \cdot \frac{\partial A}{\partial x} \qquad （7\text{-}37）$$

将移项后的方程代入动量方程，得方程：

$$g \cdot A \cdot \frac{\partial H}{\partial x} - 2v \cdot \frac{\partial A}{\partial t} - v^2 \cdot \frac{\partial A}{\partial x} + \frac{\partial Q}{\partial t} + g \cdot A \cdot S_f = 0 \qquad （7\text{-}38）$$

忽略 S_0 项，将（7-35）和（7-38）两方程联立依次求解各时段内每个管道的流量和每个节点的水头。有限差分格式如下：

$$Q_{t+\Delta t} = Q_t - \frac{K}{R^{\frac{4}{3}}} \cdot |V| \cdot Q_{t+\Delta t} + 2V \cdot \frac{\Delta A}{\Delta t} + V^2 \frac{A_2 - A_1}{L} - g \cdot A \frac{H_2 - H_1}{L} \Delta t \qquad （7\text{-}39）$$

式中，下标 1 和下标 2 分别表示管道或渠道的上、下节点；L 为管道长度（m）。

由上方程可求得：

$$Q_{t+\Delta t} = \frac{1}{K \cdot \dfrac{\Delta t}{\overline{R}^{\frac{4}{3}}} \cdot |\overline{V}|} \cdot \left[Q_t + 2\overline{V} \cdot \Delta A + V^2 \frac{A_2 - A_1}{L} \Delta t - g \cdot \overline{A} \frac{H_2 - H_1}{L} \Delta t \right]$$

（7-40）

式中，$\overline{V}$、$\overline{A}$、$\overline{R}$ 分别为 t 时刻的管道末端的加权平均值，此外，为了考虑管道的进出口水头损失，可以从 H_2 和 H_1 中减去水头损失。上方程主要未知量为 $Q_{t+\Delta t}$，变量 $\overline{V}$、$\overline{A}$、$\overline{R}$ 与 Q、H 有关。因此，还需要有 Q 和 H 有关的方程，可以从节点控制方程得到。

（2）节点控制方程

管网河渠道的节点控制方程为：

$$\frac{\partial H}{\partial t} = \frac{\sum Q_t}{A_{sk}}$$

（7-41）

式中：H——节点水头（m）；

　　　Q_t——进出节点的流量（m³/s），

　　　A_{sk}——节点的自由表面积（m²）。

化为有限差分格式为：

$$H_{t+\Delta t} = H_t + \frac{\sum Q_t \cdot \Delta t}{A_{sk}}$$

（7-42）

联立（7-40）和（7-42）方程可依次求得 Δt 时段内每个连接段的流量和每个节点的水头。

由于城市的产汇流机制远比天然流域复杂，且城市排水系统内具有多种水流状态，包括重力流、压力流、环流、回水、倒流和地面积水等，需要采用水文学和水力学相结合的途径，充分利用数值模拟技术，研制能够模拟复杂流态的多元耦合城市内涝水淹模型。根据预报的降雨过程，利用研制的模型模拟和预测城市地面的积水过程，以满足城市联排联调、防汛减灾工作对水情和涝情预测计算的要求。结合前海合作区防洪排涝要求，为准确实现精准预测，至少要提供两套及以上模型，实现对不同特定条件下的不同模型预测结果的相互验证与补充。系统可通过自学习优选出在特定条件下的模型预测结果。

7.3.4　大坝安全评价分析模型

大坝安全监测分析评价模型，通过对环境量数据和渗压计水位数据的研究分析，建立渗压预警预报方程及预警指标，然后使用实时监测进行成果验证，调用分析评价模型计算大坝的病险度，对大坝潜在的风险提前预警防范。大坝分析评价建立的统计模型适用于其他土石坝（包括土坝、石坝），其他大坝使用需重新率定模型参数。

7.3.4.1　技术路线

模型建立依据有关规范和规程，在分析大坝安全监测资料的基础上，建立大坝渗流监控模型，以及安全分析模型和预警指标，实现大坝运行状态的安全综合评价。主要过程有：

①分析环境量监测资料，统计水位、降雨等环境量特征值，绘制过程线。

②分析大坝变形监测资料，统计水平位移和垂直位移监测资料的时空分布特征值，绘制过程线，建立回归分析模型，定量分析各相关因素的影响规律，建立大坝变形的预报模型和预警指标。

③分析大坝渗压和渗漏量监测资料，统计时空分布特征值，绘制过程线，建立回归分析模型，分析和评价大坝渗压和渗漏量的变化规律，建立大坝渗压预报模型和预警指标。

④根据《水库大坝安全评价导则》（SL 258—2000），将大坝安全评价方法和专家经验相结合，通过"定性—定量—定性"体系转换，建立大坝病险严重性评价指标体系和综合评价模型。首先根据层次分析（AHP）法确定单个测点或单个断面的病险严重程度值，然后根据 AHP 由单项指标病险严重程度值计算出大坝综合病险程度严重值。利用该综合评价模型可以实现对大坝实时工作状态的综合评价，及时发现大坝病险情况，为决策提供支持。

7.3.4.2　资料分析方法

需要分析的资料有水库水位、降雨量等环境量和大坝变形监测资料、大坝渗流监测资料等，需提供最近 3 ~ 5 年的资料进行分析，用以确定统计模型的参数。

根据规范要求，采用比较法、作图法、特征值统计法、数学模型法等多种方法，寻求监测物理量的变化规律，为判断建筑物工作状态提供科学依据。各方法要点如下：

①比较法：主要是将相同部分（或相同条件）的监测物理量做相互对比，以查明各自的变化量大小、变化规律和趋势是否具有一致性和合理性。

②作图法：通过绘制相应物理量的过程线图，分析监测值的大小和变化规律、影响监测值的荷载因素和其对监测值的影响程度、监测值有无异常等。

③特征值统计法：通过统计各物理量在分析时段的最大值和最小值（包括发生的时间）、变幅、周期、年变化趋势等，考查各监测物理量之间在数量变化方面是否具有一致性和合理性。

④数学模型法：在分析监测物理量与水位、气温等因素的基础上，通过逐步回归方法，建立原因量（水位、气温等）与效应量（位移）之间的数学关系式，据此分析各种荷载的影响，了解各原因量对效应量的影响程度和规律。

7.3.4.3　环境量分析

环境量分析包括水库水位和降雨量分析。水库水位主要分析水库水位的周期变化、年最高水位及出现时间、年最低水位及出现时间、水位变化幅度、年平均水位等，形成水位特征统计表和水位过程线，统计表见表 7-8。

表 7-8　水库水位特征值统计（单位：m）

年份	年最高水位		年最低水位		年变幅	年均值
	最大值	出现日期	最小值	出现日期		

　　降雨量主要分析降雨量的年变化、最大日降雨量及出现时间、雨量集中月份、雨量年均值等，最后形成降雨量特征值统计表和雨量过程线，见表 7-9。

表 7-9　日降雨量特征值统计（单位：mm）

年份	年最大日雨量		年最小日雨量		年变幅	年均值
	最大值	出现日期	最小值	出现日期		

7.3.4.4　变形监测资料分析建模

1）统计模型

正常运行期土石坝表面变形主要受水库水位、降雨量、温度和时效因素等的影响。

① 时效分量。时效分量的表达式为：

$$\delta_\theta = c_1(\theta - \theta_0) + c_2(\ln\theta - \ln\theta_0) \tag{7-43}$$

式中：θ ——位移监测日至始测日的累计天数 除以 100；

　　　θ_0 ——建模资料系列第一个测值日到始测日的累计天数 除以 100，默认的建模资料系列第一个测值日；

c_1、c_2 ——时效因子回归系数。

② 水压分量。水库蓄水后，由于库水压力和渗透压力的作用产生水平位移，水压分量表达式为：

$$\delta_H = \sum_{i=1}^{3} a_i (H^i - H_0^i) \qquad (7\text{-}44)$$

式中:　a_i——水压因子回归系数;

H^i——监测日所对应的上游水头,即监测日上游水头测值与坝底高程之差;

H_0^i——始测日所对应的上游水头,即始测日上游水头测值与坝底高程之差。

温度引起的土体热冷缩变化引起的位移很小,本案例未处于高寒地区,故忽略温度分量。降雨因素的影响计入时效分量。

综上所述,根据大坝的特点,并考虑初始值的影响,得到大坝表面水平位移和垂直位移的统计模型为:

$$\delta = \sum_{i=1}^{3} a_i (H^i - H_0^i) + c_1(\theta - \theta_0) + c_2(\ln\theta - \ln\theta_0) + a_0 \qquad (7\text{-}45)$$

式中:a_0——常数项。

2)资料回归分析

大坝变形资料分析包括水平位移观测资料分析和垂直位移(z方向)观测资料分析,水平位移又分顺河向(y方向)与横河向(x方向),分别分析位移的特征值、时空分布,统计分析大坝各断面的位移分布图、各方向位移的最大值及出现时间、最小值及出现时间、均值变化等,然后根据式(7-45)的统计模型和分析成果数据,逐步回归分析求出顺河向、横河向和垂直位移回归模型,用实测数据最模型成果进行分析验证。

根据选定的统计模型,通过逐步回归分析方法求出最佳的回归模型,最后得出回归成果见表7-10。

表 7-10　位移回归模型参数成果

回归变量测点	常数项	水压因子回归系数1	水压因子回归系数2	时效因子回归系数1	时效因子回归系数2	时效因子回归系数3	相关系数	标准差	回归测量点	常数项
测点1	a_0	a_1	a_2	a_3	c_1	c_2	R	S	F	Q

7.3.4.5　渗流监测资料分析建模

1)统计模型

土石坝渗压主要受水压和时效的影响;温度影响很小,可忽略不计。因此,渗压统计模型由水压分量和时效分量组成,即:

$$P_i = P_H + P_\theta \qquad (7\text{-}46)$$

式中：　P_i——坝体任一点的总渗透压力；

　　　　P_H——由库水位变化引起的渗透压力分量；

　　　　P_θ——由渗透压力传递和消散引起的时效分量。

①水压分量。土石坝渗透方程比较复杂，水压分量值除了与 H 的一次方有关外，可能还与 H 的高次方有关，故水压分量统计模型为：

$$P_H = \sum_{i=1}^{3} a_i (H^i - H_0^i) \qquad (7\text{-}47)$$

式中：　a_i——水压因子回归系数；

　　　　H^i——监测日所对应的上游水头，即监测日上游水头测值与坝底高程之差；

　　　　H_0^i——始测日所对应的上游水头，即始测日上游水头测值与坝底高程之差。

② 时效分量。这里时效分量表达式为：

$$P_\theta = c_1(\theta - \theta_0) + c_2(\ln\theta - \ln\theta_0) \qquad (7\text{-}48)$$

　　　　θ——位移监测日至始测日的累计天数 除以 100；

　　　　θ_0——建模资料系列第一个测值日到始测日的累计天数 除以 100，默认的建模资料系列第一个测值日；

c_1、c_2——时效因子回归系数。

综上得到渗透压力的统计模型为：

$$P_i = a_0 + \sum_{i=1}^{3} a_i(H^i - H_0^i) + c_1(\theta - \theta_0) + c_2(\ln\theta - \ln\theta_0) \qquad (7\text{-}49)$$

式中：　a_0——常数项。

2）资料回归分析

大坝渗压监测资料分析包括渗压变化规律及特征值分析、渗压过程线分布规律、渗压统计模型及回归分析，统计分析大坝各断面的渗压计浸润线变化、渗压计水位年最大值及出现时间、最小值及出现时间、均值变化等，然后根据式（7-49）的统计模型和分析成果数据，逐步回归分析求出最佳的回归模型，用实测数据最模型成果进行分析验证。

根据选定的统计模型，通过逐步回归分析方法求出最佳的回归模型，最后得出回归成果见表 7-11。

表 7-11 渗压回归模型参数成果

测点	常数项	水压因子回归系数1	水压因子回归系数2	时效因子回归系数1	时效因子回归系数2	时效因子回归系数3	相关系数	标准差	显著性检验	残差平方
P	a_0	a_1	a_2	a_3	c_1	c_2	R	S	F	Q

7.3.4.6 评价指标体系

将大坝安全评价方法和专家经验相结合，通过定性—定量—定性体系转换，建立大坝病险严重程度的评价体系。

根据《水库大坝安全评价导则》（SL 258—2000），将水库大坝的病险严重程度分为无病险、一般性病险、较严重病险、严重病险和极严重病险 5 级，不同的分级以及定性定量描述见表 7-12。

表 7-12 病险严重性分级及其定性定量描述

分级	病险程度细化分级（五级）	定性描述	定量描述	安全状态
一类	无病险	各项安全系数大大超过规范要求；历史和现状条件下未出现过工程性态异常；安全保障体系落实	［0,2）	安全
二类	一般性病险	各项安全系数满足规范要求。但富裕度不大；历史和现状应用中未出现过重大的工程性态异常；安全保障体系较落实；工程有可能出现一些局部的小事故，能够很快处置	［2,4）	基本安全
三类	较严重病险	安全系数不满足规范要求；工程存在明显的缺陷，可能导致较严重但不会导致溃坝的较大事故，可以较快控制	［4,6）	不安全
三类	严重病险	安全系数严重不满足规范要求；工程存在严重缺陷和隐患；出现过严重险情，又未曾彻底处理；可能出现严重事故，存在溃坝的可能性	［6,8）	很不安全
三类	极严重病险	安全系数严重不满足规范要求；工程存在极为严重缺陷和隐患；发生过极严重事故，又未曾彻底处理；有迹象表明非常有可能发生溃坝事故	［8,10］	极不安全

为了能够对状态进行较为准确的判断，将 5 种状态用 0~10 的数字来表示，每种状态的变化范围为 ［0,2），以便将定性判断转化为定量度量，更准确分析大坝的危险性程度，建立水库大坝病险严重程度评价体系。

根据病险严重性分级，一类分级安全状态下无须预警，二类分级基本安全状态下提示需检查一下大坝和测点情况，三类分级需要对大坝发出安全预警。

1）综合评价模型

采用线性加权与指标的归一化方法进行病险严重程度综合评价。设水库大坝病险严重程度综合评价函数为 L，L 为相关指标病险影响度的线性加权，如式（7-50）所示：

$$L = \sum_{i=1}^{4} \omega_i f(x)_i = \omega_1 f(x)_1 + \omega_2 f(x)_2 + \omega_3 f(x)_3 + \omega_4 f(x)_4 \qquad （7-50）$$

式中，$f(x)_1, f(x)_2, f(x)_3, f(x)_4$ 分别是 4 个子模型对应的病险影响度，x 为公式（7-45）和公式（7-49）的模型性态，$f(x)_i$ 根据下面病险影响度模型的公式（7-51）计算得出；$\omega_1, \omega_2, \omega_3, \omega_4$ 分别指顺河向水平位移模型、横河向水平位移模型、垂直位移模型和渗压监测模型的权重系数，ω_i 通过层次分析法公式（7-52）计算得出。

2）病险影响度模型

（1）病险影响度特征分析

采用的病险程度三类五级的分级方法中，第一级、第二级对应的工程性态分别为安全和基本安全，第三级、第四级、第五级对应的工程性态分别是不安全、很不安全和极不安全。大坝病险性态对工程的影响度并非是线性发展的，对应不同的性态，病险影响度发展有以下特点：

①在安全阶段病险影响度变化缓慢。当大坝工程性态为安全时，对大坝危险性的影响基本是零，不会对大坝安全产生影响。

②在基本安全阶段有两层含意：一方面可以认为虽然局部有些问题，但不会影响到大坝的安全，在加强监控条件下可以正常运用；另一方面说明了大坝性态已经发生了局部的不正常，对大坝危险性的影响已经在加大了。病险影响度发展虽有所加快，但总体上还是较小的。

③在不安全阶段，危险性很快发展。即使只有一处出现了严重问题，大坝已不能正常使用，在洪水或其他条件下可能发生较大的事故。此时大坝危险性快速增大，也即病险影响度很快增加。

④在很不安全阶段，危险性很大。很不安全性态说明多处发生了明显的问题，病险影响度迅速上升。

⑤在极不安全阶段，大洪水下随时可能出现严重险情，影响度很大。但是由于整个阶段的影响度都很大，因此，在该范围内还是一条平缓的上升曲线。

（2）大坝病险影响度评价模型

基于上述分析，大坝病险影响度和大坝病险性态之间的关系类似于一条 S 形曲线，第一阶段和第五阶段缓慢增大，在第三阶段快速上升。这里尝试采用 Logistic 曲线研究大坝病险程度影响度和大坝工程性态之间的函数关系。

设大坝工程性态为 x，大坝病险程度指标值为 $F(x)$，考虑大坝性态取值与病险影响度取值的一致性，其函数关系取为如下形式：

$$F(x) = \frac{10}{1+e^{5-x}}, x \in [0,10] \qquad (7\text{-}51)$$

根据选用的 Logistic 曲线，$F(x)$ 轴的 [0，10] 区间可以分为 [0,2）、[2,4）、[4,6）、[6,8）、[8,10]5 个区间，分别与无病险、一般性病险、较重大病险、严重病险和极严重病险 5 级病险状态相对应。$F(x)$ 曲线所代表的大坝危险性变化的基本特点见表 7-13。

表 7-13　Logistic 曲线的分解值

工程性态	安全	基本安全	不安全	很不安全	极不安全
大坝工程性态 x	3.6	4.6	5.4	6.4	
病险程度分级	无	一般性	较严重	严重	极严重
大坝病险程度指标 $F(x)$	2	4	6	8	10

从图 7-13 和表 7-13 可以看出，在一般性病险阶段，影响度开始上升，在较重大病险阶段大坝工程性态急剧上升 0.8，病险影响度增加了 2，充分表明了应当对该阶段重视。极严重阶段，影响度已经很大，区别不是十分明显。上述特点和工程病害、险情处理的实际状况较为吻合。因此，选用的 Logistic 曲线可以用于描述病险程度影响度的变化特点，可作为大坝病险程度评价模型。

单项指标的一票否决权：如果单项指标的严重程度为 8~10，则需要核对测量数据是否有误。如果数据无误，则是该大坝单项指标不合格，不必计算大坝总的安全系数便可断定该大坝病险程度严重。

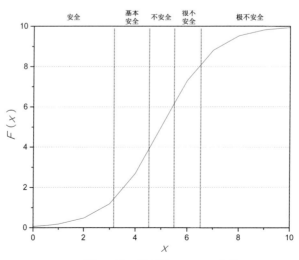

图 7-13　采用的 Logistic 曲线

指标的权重确定系数反映了每个指标对大坝的重要性。事实上每个指标的重要程度是不一样的。权重系数确定是否准确、是否符合实际情况，关系到该模型的评价是否符合实际、是否具有实用性。在确定各指标的重要程度时，一方面要考虑到该指标在已发生的事故中的实际重要性，也即要根据历史资料，判断其是否属于多发病、常见病；另一方面要考虑现状条件下该指标发生的可能性及可能发生的严重性，可能越大，重要性越明显。两者结合，才可能较为合理地确定其权重。

3）层次分析法权重分配

层次分析法（AHP）是一种相对主观的权重确定方法，比较两两指标之间的重要性，根据给定标度（比如 1～9 标度）构造判断矩阵，然后计算判断矩阵的最大特征根及其对应的特征向量，特征向量归一化后即为权重向量。

AHP 的思想就是通过预警指标体系建立一个递阶层次优化模型，给出对于上一层某因素而言，本层次与之有联系因素的重要性标度，从而建立如表 7-14 所示的判断矩阵。

表 7-14　比较判断矩阵

U	U_1	U_2	……	U_n
U_1	U_{11}	U_{12}	……	U_{1n}
U_2	U_{21}	U_{22}	……	U_{21}
—	—	—	……	—
U_n	U_{n1}	U_{n2}	……	U_{nn}

表 7-14 中表示相对于 U 而言，指标相对于指标的重要性，很显然具有的性质。其度量标准采用 1～9 标度的比较方法，见表 7-15。

表 7-15　1~9 标度的意义

标度	意义
1	两个指标同样重要
3	一个指标比另一个指标稍重要
5	一个指标比另一个指标明显重要
7	一个指标比另一个指标强烈重要
9	一个指标比另一个指标极端重要
2，4，6，8	上述相邻重要指标的中间值

由此，指标权重的计算可以归结为计算判断矩阵的特征根和特征向量问题，即对判断矩阵U，计算满足$U\omega = \lambda_{max}\omega$的特征根和特征向量，并将特征向量正规化，将正规化后所得到的特征向量$\omega = [\omega_1, \omega_1, \cdots, \omega_n]$作为本层次元素$U_1, U_2, \ldots, U_n$对于其隶属元素$U$的排序权值。$\omega_i$和$\lambda_{max}$（判断矩阵的最大特征值）的计算公式为：

$$\omega_i = (\prod_{j=1}^{n} u_{ij})^{1/n}, \omega_i^0 = \frac{\omega_i}{\sum \omega_i}, \lambda_{max} = \sum_{i=1}^{n} \frac{(U \cdot \omega)_i}{n\omega_i} \qquad （7-52）$$

7.3.5 风暴潮模型

7.3.5.1 风暴潮数值模型

1）风暴潮数值模拟

风暴潮的计算利用完整的二维浅水方程来求解，基本方程包括连续方程和运动方程。在运动方程中，除了考虑平流项、科氏力项、底摩擦力项，还考虑侧向黏性项。在笛卡尔直角坐标系中，连续方程和运动方程可表示为：

$$\frac{\partial \xi}{\partial t} + \frac{\partial}{\partial x}(Hu) + \frac{\partial}{\partial y}(Hv) = 0$$

$$\frac{\partial u}{\partial t} + u\frac{\partial u}{\partial x} + v\frac{\partial u}{\partial y} - fv = -g\frac{\partial \xi}{\partial x} - \frac{1}{p_w}\frac{\partial p_a}{\partial x} + \frac{1}{p_w H}(\tau_{sx} - \tau_{bx}) + A(\frac{\partial^2 u}{\partial x^2} + \frac{\partial^2 u}{\partial y^2}) \qquad （7-53）$$

$$\frac{\partial v}{\partial t} + u\frac{\partial v}{\partial x} + v\frac{\partial v}{\partial y} + fu = -g\frac{\partial \xi}{\partial y} - \frac{1}{p_w}\frac{\partial p_a}{\partial y} + \frac{1}{p_w H}(\tau_{sy} - \tau_{by}) + A(\frac{\partial^2 v}{\partial x^2} + \frac{\partial^2 v}{\partial y^2})$$

式中，t为时间；(x, y)分别表示向东为正和向北为正的坐标系；(u, v)为相应于(x, y)方向的从海底到海面的垂直平均流速分量；ζ为水位；$H = \zeta + h$；为总水深；h为未扰动海洋之水深，即平均海平面至海底的距离；$f = 2\omega\sin\varphi$，为 Coriolis 参量；p_w为海水密度；p_a为大气气压；τ_{bx}, τ_{by}为x, y方向底应力；τ_{sx}, τ_{sy}为x, y方向海面风应力；A为侧向涡动黏性系数。

海底摩擦力$\vec{\tau}_b$与深度平均流V的关系，采用二次平方律：

$$\vec{\tau}_b = k\rho\vec{V}\left|\vec{V}\right| - \beta\vec{\tau}_X \qquad （7-54）$$

式中，k为摩擦力系数，海面风应力$\vec{\tau}_s$与海面风的W关系，也采用二次平方律：

$$\vec{\tau}_s = C_D \rho_a \vec{W} \left| \vec{W} \right| \tag{7-55}$$

式中：ρ_a——空气密度；

　　　　C_D——风拽力系数。

计算时 $k = C_D = 2.6 \times 10^{-3}$，$\beta = 0.35$。

利用数值模拟方法计算时，数值模拟的开边界条件应至少包括 M_2、S_2、N_2、K_2、K_1、O_1、P_1、Q_1 八个分潮，模拟结果应有不少于 1 个月的实测潮位验证，误差少于 5%。

2）风暴潮数据模型条件要求

①地形条件：如果计算海域海岸线曲折，地形复杂，水深、地形等资料的比例尺应不小于 1 ：10 000；如果计算海域海岸线较为平直，则水深、地形等资料的比例尺可不小于 1 ：50 000。

②网格分辨率及范围：可采用非结构网格，计算区域网格分辨率不小于 50 m，向外网格可逐渐变粗，在满足计算稳定性条件下，外边界网格分辨率不低于 4 km。

③边界条件：考虑到边界对模拟结果的影响，外海边界距离计算海域至少 800 km，海岸边界条件取 $v_n = 0$，这时 v_n 为岸边界的法向深度平均流流速。开边界取辐射边界条件。

④强迫资料：采用台风参数（包括时间、经度纬度、中心气压、大风半径等）或中尺度大气数值预报模式模拟的气压场、风场作为风暴潮数值模型的强迫资料。

⑤误差要求：选择历史典型台风风暴潮或温带风暴潮过程开展模拟精度检验。计算区域附近的潮位站最大风暴增水模拟误差应不大于 8%，考虑天文潮与风暴潮耦合后的最高潮位模拟误差应不大于 20 cm。选择的典型过程原则上不少于 15 个。

⑥中尺度大气数值预报模式模拟的气压场、风场的输入给整个模型提供外在强迫资料。

7.3.5.2　天文潮 - 风暴潮 - 海浪耦合数值模型

一般认为天文潮 - 风暴潮 - 海浪耦合的物理机制是：风暴潮模式模拟的水位和流场提供给海浪模式，作为海浪模式的背景场；海浪模式则为风暴潮模式提供辐射应力将其作为外力驱动加入风应力中，波长和周期信息也用来参与风暴潮模式的风应力计算。

1）水位、流速计算方法

耦合变量中的水位、流速由 ADCIRC 模式计算直接得到。该模式通过将通用波动连续性方程（GWCE）与动量守恒方程一起作为控制方程进行求解，该方程采用有限元法和有限差分法相结合的办法求解。模型在空间上采用有限元法，以适应复杂的边界条件，时间上则采用有限差分法以提高计算速度；水位和速度的求解都是自然解耦的，可以顺次求解方程，即先求解水位、再求解流速。

$$\frac{\partial \xi}{\partial t} + \frac{\partial UH}{\partial x} + \frac{\partial VH}{\partial y} = 0$$

$$\frac{\partial U}{\partial t} + U\frac{\partial U}{\partial x} + V\frac{\partial U}{\partial y} - fV = -\frac{\partial}{\partial x}\left[\frac{P_s}{\rho_0} + g\xi - g(\eta + \gamma)\right] + \frac{\tau_{sx}}{\rho_0 H} - \frac{\tau_{bx}}{\rho_0 H} + D_x - B_x \qquad (7\text{-}56)$$

$$\frac{\partial V}{\partial t} + U\frac{\partial V}{\partial x} + V\frac{\partial V}{\partial y} + fU = -\frac{\partial}{\partial y}\left[\frac{P_s}{\rho_0} + g\xi - g(\eta + \gamma)\right] + \frac{\tau_{sy}}{\rho_0 H} - \frac{\tau_{by}}{\rho_0 H} + D_y - B_y$$

将 ADCIRC 模型中计算得到的流速、水位等耦合变量信息，对 SWAN 模型中的流速、水位等变量场进行添加修正，使 SWAN 模型在运行过程中考虑 ADCIRC 模型运行得到的流速、水位，从而达到耦合的目的，实现风暴潮对海浪的物理作用模拟。

2）辐射应力计算方法

未耦合状态下，SWAN 模型中波浪谱能量表示的辐射应力形式为：

$$S_{xx} = pg\int(n\cos^2\theta + n - 1/2)E(\sigma,\theta)\mathrm{d}\sigma\mathrm{d}\theta$$

$$S_{xy} = S_{yx} = pg\int n\sin\theta\cos\theta E(\sigma,\theta)\mathrm{d}\sigma\mathrm{d}\theta \qquad (7\text{-}57)$$

$$S_{yy} = pg\int(n\sin^2\theta + n - 1/2)E(\sigma,\theta)\mathrm{d}\sigma\mathrm{d}\theta$$

沿 x,y 方向作用在单位面积上的辐射应用可表示为：

$$\begin{cases} F_x = -\dfrac{\partial S_{xx}}{\partial x} - \dfrac{\partial S_{xy}}{\partial y} \\ \\ F_y = -\dfrac{\partial S_{yx}}{\partial x} - \dfrac{\partial S_{yy}}{\partial y} \end{cases} \qquad (7\text{-}58)$$

在上述的公式中可以看到，SWAN 模型计算的是辐射应力梯度，对 S_{xx} 等 3 项求偏导数后得到的辐射应力 F_x 和 F_y，而 ADCIRC 模型中需要的则是以 S_{xx} 计算波浪辐射应力引起的水位和流场变化。因此耦合后根据 ADCIRC 模型中的需要，在 SWAN 模型程序中，适当地添加相关辐射应力项，并按照 ADCIRC 模型的输入格式进行处理。

3）表面应力计算方法

ADCIRC 模型在未考虑海浪影响时，风应力的计算公式为：

$$C_d = \lambda\left(\frac{0.4}{14.86 - 2\ln|U_{10}|}\right)^2 \qquad (7\text{-}59)$$

在考虑波浪作用时，表面风应力的计算则主要通过改变海面粗糙度 Z_0 来实现。

$$Z_0 = 3.7 \times 10^{-5} \frac{|U_{10}|^2}{g} (\frac{C_p}{|U_{10}|})^{-0.9}$$

（7-60）

式中，C_p 是对应谱峰频率的波速，$\frac{U_{10}}{C_p}$ 表示波龄。

相对应的 C_d 计算公式改为：

$$C_d = \lambda (\frac{0.4}{\ln 10 - \ln Z_0})^2$$

（7-61）

耦合后，通过 SWAN 模型中输出 C_p 等通过公式（7-60、7-61）的结合来计算 ADCIRC 模型所需的考虑波浪作用的表面风应力。

4）底摩擦力计算方法

浪流相互作用后，底摩擦力也会改变，假定浪流作用下的底剪切力符合叠加原理：

$$\tau_{b,\max} = \tau_c + \tau_w$$

（7-62）

式中，τ_c 是海流产生的底剪切力，τ_w 是海浪产生的最大底剪切力。τ_w 可通过以下步骤来确定：

假设波浪是一个线性波，则近低层波浪轨道速度为：

$$u_w = \frac{\alpha \omega}{\sinh kh}$$

（7-63）

式中，a、ω 分别是浪的振幅和频率，k 是波数，h 是水深。

而短波辐射应满足的频散关系为：

$$\omega^2 = gk \tanh kh$$

（7-64）

通过上述两个公式可以将 u_w 确定，从而通过下式（7-65）确定 τ_w 及其摩擦速度 $u_{摩w}$

$$\tau_w = \rho u_{摩w}^2 = \frac{1}{2} \rho f_w u_w^2$$

（7-65）

其中 f_w 通过式（7-66）确定：

$$f_w = \begin{cases} 0.13(k_b / A_b)^{0.40} & k_b / A_b \leq 0.08 \\ 0.23(k_b / A_b)^{0.82} & 0.08 < k_b / A_b \leq 1.00 \\ 0.23 & k_b / A_b > 1.00 \end{cases}$$

（7-66）

式中，k_b 是海底的物理粗糙度，计算公式为 $k_b = 27.7\eta^2 / \lambda$，$A_b$ 通过 $A_b = u_w / \omega$ 来计算。

计算新的拖曳系数方法如下：

首先给出拖曳系数 C_b 一个初始估计，这个估计可以根据已有的模式中选用的底摩擦模型来获得。由海流引起的底摩擦速度 $u_{摩b}$ 满足下式：

$$\tau_c = \rho u_{\text{摩}b}^2 \tag{7-67}$$

而
$$\tau_c = \rho C_b |U_c| U_c \tag{7-68}$$

故
$$u_{\text{摩}b} = \sqrt{C_b} U_c \tag{7-69}$$

浪流共同作用下的底摩擦速度：
$$u_{\text{摩}cw} = \sqrt{\tau_{b,\max} / \rho} \tag{7-70}$$

因此
$$u_{\text{摩}cw} = \sqrt{u_{\text{摩}b}^2 + u_{\text{摩}w}^2} \tag{7-71}$$

表观海底粗糙度公式为：
$$k_{bc} = k_b (24 \frac{u_{\text{摩}cw}}{u_w} \frac{A_b}{k_b})^\beta \tag{7-72}$$

$$\beta = 1 - \frac{u_{\text{摩}b}}{u_{\text{摩}cw}} \tag{7-73}$$

从而得到新的拖曳系数：
$$C_b = \left[\frac{\chi}{\ln(30 z_r / k_{bc})} \right]^2 \tag{7-74}$$

式中，χ 为 Von Karman 常数，大小为 0.41。

然后，只要两次相应的 C_b 相差小于 10^{-7} 即可停止迭代。

通过上面程序的迭代求得 C_b，然后通过下式（7-75）求出在考虑海底作用下的底摩擦力，即 ADCIRC 模型在耦合后由耦合器输入的底摩擦应力。

$$\tau_c = \rho C_b |U_c| U_c \tag{7-75}$$

7.3.5.3 可能最大台风风暴潮（PMSS）推算

可能最大台风风暴潮（PMSS）的计算，应假定一组最大的、在计算海域范围内可能出现的热带气旋，该热带气旋在移至某位置时使得该计算范围内出现最大增水，为此需要合理地确定可能最大热带气旋的有关参数。根据《热带气旋等级》（GB/T 19201—2006），确定台风中心气压 P_0，台风最大风速半径、台风最大风速、台风移速、外围海面气压参数。

1）台风中心气压 P_0

可能最大热带气旋中的参数 P_0 宜采用概率论法进行计算。以某海域中心 300 ~ 400 km 为半径的范围内，取每年路经本海区的热带气旋的最小值 P_0 作为样本，如果当年没有热带气旋进入该区域，则该年热带气旋 P_0 取为进入该区域的热带气旋中 P_0 系列中的最大值。采用高潮同步相关法、极值同步差比法两种统计方法分别计算，适线后选取经验点与理论计算值拟合较好的线型，取千年一遇的 P_0 值为可能最大热带气旋中心气压。

最大热带气旋中心气压也可用大气静力学方程为基础估算。

2）台风最大风速半径

可能最大热带气旋的最大风速半径应根据西北太平洋飞机探测台风资料和 P_0 值确定，选取与千年一遇 P_0 值相近的热带气旋中心气压所对应的大风半径，作为最大风速半径。

3）最大风速

最大风速半径的确定可采用概率论法、相关法以及压力廓线经验公式求得。

（1）概率论法

以某海域中心 300 ~ 400 km 为半径的范围，取每年路经本区的热带气旋中最大风速做样本，如果当年没有热带气旋进入该区域内，可取所有样本的平均值，采用高潮同步相关法、极值同步差比法两种统计方法分别计算，适线后选取经验点与理论计算值拟合较好的线型，取千年一遇的最大风速为可能最大热带气旋的最大风速值。

（2）相关法

收集历史上发生在西北太平洋热带气旋的中心气压与最大风速数据，确定相关关系式，计算最大风速。

（3）压力廓线经验公式

压力廓线方程式推导最大风速是利用热带气旋的压力廓线，并将其代入梯度风平衡公式中，即可得到计算最大梯度风（即热带气旋最大风速）的方程。一般有如下三种压力廓线方程：

Meyrs 廓线：
$$p = p_0 + (p_w - p_o)e^{-\frac{R}{r}} \tag{7-76}$$

藤田廓线：
$$p = p_w - \frac{p_w - p_0}{\sqrt{1+(\frac{r}{R})^2}} \tag{7-77}$$

高桥浩 - 郎廓线：
$$p = p_w - \frac{p_w - p_o}{\sqrt{1+\frac{r}{R}}} \tag{7-78}$$

式中： r ——距热带气旋中心的距离；

　　p ——距台风中心距离 r 处的气压；

　　p_w ——环境气压（一般取台风最外围一根近似圆形的闭合等压线的数值）；

　　p_0 ——台风中心气压；

　　R ——最大风速半径。

用 Meyrs 廓线计算的压力随 r 的分布介于其余的两者之间。一般多数采用 Meyrs 廓线。将 Meyrs 廓线代入梯度风平衡公式，即可得到计算最大风速的公式：

$$v_{max} = v_{gx} = k(p-p_o)^{1/2} - \frac{Rf}{2} \tag{7-79}$$

$$k = (\frac{1}{\rho e})^{\frac{1}{2}} = \left[\frac{R_t(273.15+T)}{\rho e \quad pe} \right]^{\frac{1}{2}} \tag{7-80}$$

式中： ρ ——空气密度；

　　e ——自然对数的底；

　　T ——摄氏温度；

　　R_t ——干空气比气体常数， $R_t = 287 J / (K \cdot kg)$ 。

4）台风移速

各个方向的台风移速应根据台风年鉴资料统计确定，计算的台风登陆路径密度的夹角不应大于 22.5°，取最有利于计算海域增水方向的移速作为可能最大热带气旋的台风移速。

5）外围海面气压参数

取热带气旋外边界东、南、西、北四个方向的海平面气压等值线曲率为 0 处的气压平均值。海平面气压数据可从中国气象局发布的历史地面天气图和大气再分析数据两种途径获取。

7.3.5.4　风暴潮特征参数计算方法

1）基于历史资料的高潮位重现期分析

高潮位重现期的确定，应根据所在海域及附近长期潮位站的历史资料的长短，选取合适的方法进行分析。确定所在海域高潮位的重现期，一般要求有不少于 20 年的连续实测潮位资料，并应调查和核实历史上出现的特殊高潮位。

2）基于 3～20 年连续实测潮位资料的高潮位重现期分析

（1）高潮同步相关法

没有 3～20 年连续实测潮位资料的海洋工程，高潮位年极值序列的确定可采用"高潮同步相关法"

与附近有不少于 20 年连续实测潮位资料的长期潮位站进行高潮同步相关分析求得。

分析步骤如下：

① 利用最小二乘法建立长期潮位站和工程所在海域同期高潮位的相关关系：

$$y = ax + b \qquad (7\text{-}81)$$

式中：y——海洋工程高潮位；

　　　x——长期站高潮位；

a、b——拟合系数。

② 根据长期站和工程所在海域同期高潮位的相关关系，推算工程所在海域的逐年最高潮位。

（2）极值同步差比法

有 3 ~ 20 年连续实测潮位资料的海洋工程，重现期高潮位计算可采用近似方法，即可用"极值同步差比法"与附近有不少于 20 年连续实测潮位资料的长期潮位站进行同步相关分析求得。

极值同步差比法的计算公式为：

$$h_{jY} = A_Y + \frac{R_Y}{R_X}(h_{jX} - A_X) \qquad (7\text{-}82)$$

式中：h_{jX}、h_{jY}——分别为长期站和工程所在海域的某重现期高潮位（cm）；

　　　R_X、R_Y——分别为长期站和工程所在海域的同期各年年最高潮位的平均值与平均海平面的差值（cm）；

　　　A_X、A_Y——分别为长期站和工程所在海域的平均海平面（cm）。

3）数值方法推算高潮位

根据工程所在海域连续 20 年以上的历史气象资料，利用成熟的数值模拟方法推算并遴选出历史上可能出现过的年极值潮位。模拟过程中取得的计算极值可利用已有的短期序列潮位值或邻近工程所在海域的潮位过程进行比对验证，潮位计算的平均误差应小于 20 cm。

（1）风暴潮位拟合计算

对每年可能产生高潮位的灾害性天气过程进行风暴潮位拟合计算时，可进行天文潮、风暴潮的联合计算。模拟过程中取得的风暴高潮位计算极值可利用已有的短期序列潮位值或邻近长期潮位站的潮位过程进行比对验证，潮位计算的平均误差应小于 20 cm。

（2）重现期高潮位计算

根据数值模拟结果确定年极值高潮位。

7.3.6　模型引擎

　　模型引擎以数据底板为基础，集成防汛工程要素包括水库、河流、堤防、泵、闸、管网等要素的 BIM 可视化模型，提供丰富的开发接口，满足数据加载、模型计算、可视化渲染等大容量、低时延、高性能的要求，进行防汛管理需要的场景配置和模拟仿真。

　　场景配置可在物理流域、防汛工程数字化映射的基础上进行各种防汛业务场景配置，生成流域级、排水分区级、工程级、设施级等不同精度等级的场景底板，生成可配置服务，可根据业务需求内容的不同选取大小范围不一的流域、工程区域场景。

　　模拟仿真实现包括水库、河流、管网、建筑、道路、排水分区等自然背景的物理映射，水位变化、水流、潮汐、台网等流场动态模拟，水库、水闸、堤防、泵站、启闭机等水利工程和机电设备运行过程模拟，防汛调度过程模拟等。实现水位变化、日照变化、材料材质、光影变化等渲染功能，能够对物理流域或工程进行可视化模拟，将现实世界孪生仿真到虚拟世界。

7.4　知识平台

　　知识平台利用知识图谱和机器学习等技术实现对水务防汛对象关联关系和业务规则规律等知识的抽取、管理和组合应用，为数字孪生平台的实际运行提供智能内核，支撑正向智能推理和反向溯因分析，主要包括防汛知识和知识引擎。其中，防汛知识提供描述原理、规律、规则、经验、技能、方法等的信息，知识引擎是组织知识、进行推理的技术工具，防汛知识经知识引擎组织、推理后形成支撑研判、决策的信息。

　　在共享水利、气象等各部门相关知识库的基础上，搭建城市水务防汛知识平台，知识平台应关联到可视化模型和模拟仿真引擎，实现各类知识和推理结果的可视化。同时水务防汛决策支持平台不断运行过程中，知识平台可累计更新。

7.4.1　防汛知识

　　水务防汛知识为决策分析提供支撑信息，包括防汛对象关联关系、业务规则、历史场景、预报调度方案和专家经验等。

7.4.1.1　防汛对象关联关系

防汛对象关联关系用于描述物理流域中的江河湖泊、水利工程和水利对象治理管理活动等实体、概念及其关系，是其他水利知识融合的基础，对数据资源进行抽取、对齐、融合等处理，并进行结构化分类和关联，便于水利知识的快速检索和定位。

7.4.1.2　业务规则

业务规则用于描述一系列可组合应用的结构化规则集，将相关法律法规、规章制度、技术标准、管理办法、规范规程等文档内容进行结构化处理。通过对业务规则的抽取、表示和管理，支撑新业务场景的规则适配，规范和约束水利业务管理行为。

7.4.1.3　历史场景

历史场景用于描述历史事件发展过程及时空特征属性的相关事实。通过对数据表格或文本记录的历史场景数据进行典型时空属性及特征指标的抽取、融合、挖掘和结构化存储，支撑历史场景发生的关键过程及主要应对措施的复盘。通过对历史场景下的调度执行方案数字化和暴雨洪水特征等进行挖掘，为相似事件的精准决策提供知识化依据。

7.4.1.4　预报调度方案

预报调度方案用于存储特定场景下的预报调度方案相关知识。根据物理流域特点、水利工程设计参数、影响区域范围等，结合气象预报、水文预报、水文监测、工程安全监测等信息，基于对历史典型洪水预报、水利工程调度过程记录或以文本形式存储的预报调度预案进行知识抽取、融合等处理，形成特定场景下预报模型运行设置和水利工程调度方案等知识，支撑预报调度方案的智能决策。

应构建包括工程防汛预案、入库预报方案、工程调度预案、防汛抗旱应急预案、超标准洪水防御预案等在内的预报调度方案库。随着数据底板的不断完善与更新，宜每年开展方案 / 预案关键参数率定修正，对预报调度方案库同步更新。

7.4.1.5　专家经验

专家经验用于描述水务防汛业务场景决策时的专家经验。通过文字、公式、图形图像等形式固化专家经验，进行抽取、融合、挖掘和结构化处理等，支撑专家经验的有效复用和持续积累。

7.4.2　知识引擎

水务防汛知识引擎要提供知识语义提取、知识推理、知识更新、集成应用等服务能力，提升水务防汛安全分析预警与调度决策全流程智能化、精准化水平。

水务防汛知识引擎主要实现防汛知识的表示、抽取、融合、推理和存储等功能。防汛知识表示利用人机协同的方式构建水利领域基础本体和业务本体，实现陈述性和过程性知识表示；防汛知识抽取采用统计模型和监督学习等方法，结合场景配置需求和数据供给条件，构建实体—关系三元组知识，并抽取各类防汛对象实体的属性，对城市水务防汛领域实体类别及相互关系、领域活动和规律进行全方位描述；防汛知识融合针对多源知识的同一性与异构性，构建实体连接、属性映射、关系映射等融合能力；防汛知识推理通过监督学习、半监督学习、无监督学习和强化学习等算法，构建防汛推理性知识；防汛知识存储采用图计算引擎管理和驱动水利知识，实现超大规模数据存储。

7.5　数据共享交换

数据共享程度决定了水务防汛决策支持系统的应用深度，数据共享可将物联网、大数据、视频、GIS等基础平台及水务防汛应用的服务、消息、数据统一集成适配以及编排，提供服务、消息、数据集成使能服务，提升应用端到端集成效率，以支撑新业务的快速上线。

数据共享交换包括数据共享交换方案、数据共享内容、数据共享标准。

7.5.1　数据共享交换方案

数据共享交换的过程涵盖数据提供方上传数据过程、数据共享交换过程、数据使用方接收数据过程 3 部分（图 7-9），其中数据提供方为城市水务防汛决策支撑平台，数据使用方为城市水利部门其他业务系统或其他相关部门，例如应急、气象、安监等部门，可预留外部局属单位的数据共享接口。主要数据共享方式为表述性状态传递（REST）方式，数据可由系统数据库同步到前置机，通过前置机到交换库，在交换库内进行数据清洗，建立数据共享资源。其他业务系统通过调用数据访问接口进行数据共享，其中数据提供方和数据使用方可互相交换角色。如果本项目系统需要使用到其他业务系统的数据，流程则反向，具体数据共享交换流程如图 7-10 所示。

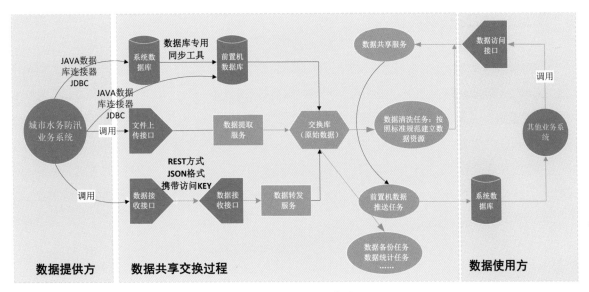

图 7-9 数据共享交换流程

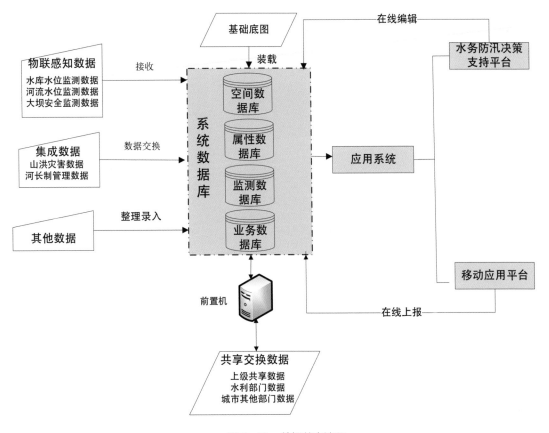

图 7-10 数据共享流程

7.5.2 数据共享内容

水务数据共享对象包括对内和对外共享，其中对内共享包括各业务系统数据；对外数据共享的对象包括市级单位、给排水企业、社会公众及企业。对外的数据共享服务统一由水务数据资源体系提供，包括基础属性数据服务、空间数据服务、水情数据服务、水质数据服务、工情数据服务、视频数据服务和水务业务数据服务。对内数据共享服务主要为各业务应用提供基础数据服务和监测数据服务，通过汇聚的基础数据、空间数据和监测数据，统一标准格式，封装成数据服务为内部系统提供数据支撑。内部业务系统间的数据集成服务通过大数据平台的数据集成平台进行统一管控，各业务系统通过集成平台完成数据集成共享（图7-11）。

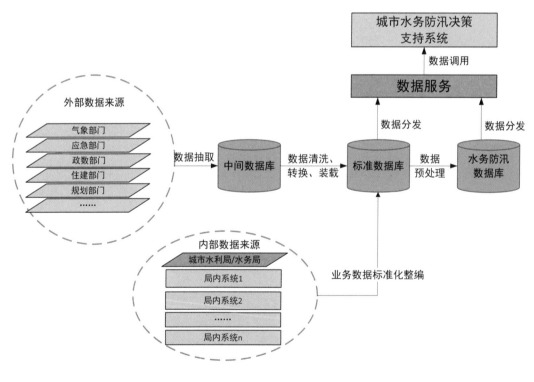

图7-11 数据共享方式

7.5.3　数据共享标准

为了更好地发挥数据使用价值，遵循"一数一源，一源多用"的建设原则，本项目建设的水务大数据可以通过数据共享交换来丰富自身的数据量，同时可将自身建设的数据提供给有需要的各单位，达到数据高度治理的效果。数据共享交换需要遵循国家水利行业以及当地水务数据标准，包括数据建库标准、数据接口标准等。例如：

《水利对象分类与编码总则》（SL/T 213—2020）

《实时雨水情数据库表结构与标识符》（SL 323—2011）

《城市排水防涝设施数据采集与维护技术规范》（GB/T 51187—2016）

《水利水电工程等级划分及洪水标准》（SL 252—2017）

《水闸设计规范》（SL 265—2016）

《调水工程设计导则》（SL 430—2008）

《水文测站代码编制导则》（SL 502—2010）

《水利信息数据库表结构及标识符编制规范》（SL 478—2010）

《水利政务信息数据库表结构及标识符》（SL 707—2015）

《水资源监控管理数据库表结构及标识符标准》（SL 380—2007）

《水利工程建设与管理数据库表结构及标识符》（SL 700—2015）

《大坝安全监测数据库表结构及标识符标准》（DL/T 1321—2014）

第 8 章
业务系统建设

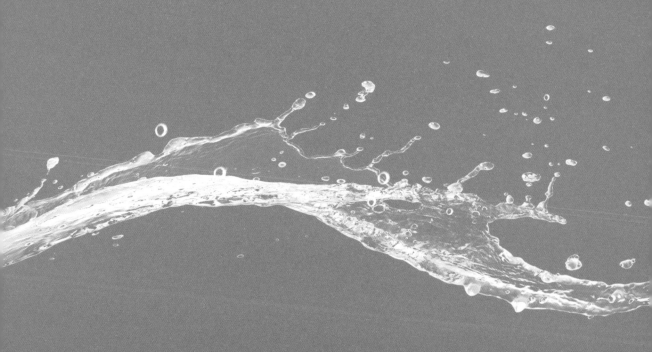

8.1　建设思路

纵观信息系统的发展过程，从简单的数字化应用到现在的智慧化应用，经历了一系列的技术变革。云计算、大数据、5G 通信、AI 智能等新兴技术的兴起，使得传统信息化系统有了智慧大脑的支持。

城市水务防汛决策支持业务系统的建设，依托于上述物联网感知系统建设、高效泛在的网络联通，高度集约化的大数据平台，随着水利部数字孪生流域建设技术指引的出台，水务防汛决策支持系统功能的开发要按照"需求牵引、应用至上、数字赋能、提升能力"的要求，以数字化、网络化、智能化为主线，以数字化场景、智慧化模拟、精准化决策为路径，以算据、算法、算力建设为支撑进行构建，开展水务防汛业务的"预报、预警、预演、预案"功能研究，实现城市级别的水务防汛决策的科学化、精准化和可视化管理，全面构建防汛"四预"应用体系（图 8-1）。

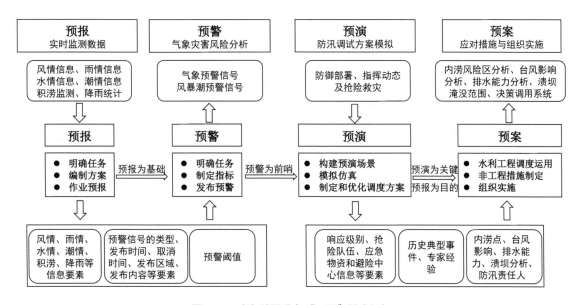

图 8-1　水务防汛业务"四预"技术框架

8.2　"四预"技术要求

8.2.1　预报技术要求

对于城市防汛系统，预报主要功能包括：明确任务、编制方案和作业预报等。

1）明确任务

城市防汛预报结合降雨数值预报成果进行，根据预报目标确定防汛预报的对象和要素、精度和预见期。

城市防汛的预报对象包括水库、河流水文站、闸坝、堤防、易涝点等。预报要素包括水库水位、库容、水位库容过程，水库大坝位移形变；河流洪峰水位（流量）及洪峰出现时间、洪量、水位（流量）变化过程；闸坝堤防位移形变；易涝点积水位变化过程、淹没范围变化等。预报结果包括短期、中期、长期等不同预见期的成果，成果包括要素量化成果、风险成果等，预报成果需要满足城市防汛精度要求。

2）编制方案

编制方案首先需要进行资料收集，需要收集的资料包括水文气象资料、重要断面资料、防洪特征值、数字高程资料、土地利用资料、水位流量关系曲线、水位库容和泄洪能力曲线等。根据流域防洪需要，应每 5 年进行一次流域查勘，掌握流域下垫面和水利工程变化情况，发生较大洪水后，应及时进行流域查勘。需要收集的水文气象资料的时间跨度应不少于 10 年，包括湿润地区不少于 50 次、干旱地区不少于 25 次的大、中、水洪水场次资料，如果所需资料不能满足要求，应收集建站以来的所有水文气象资料。

其次，需要进行城市防汛预报对象的拓扑关系构建，拓扑关系构建需要的流域为单元，以水文站、水利工程为节点进行构建，明确水文站、水利工程等预报节点的水力联系。对于城市防汛，还需要构建易涝点、排水管网、泵闸水利工程的拓扑关系。

再次，在进行预报方案编制的过程中，需要选择合适的洪水预报模型，包括集总式水文模型、分布式水文模型、水动力学模型、大数据分析模型等。所选择的模型需要符合流域水文规律，能客观反映流域产汇流、洪水演进规律，应采用基于原理揭示和规律把握的数字模型、基于数理统计和数据挖掘分析的数学模型相互间进行参考验证。

最后，在选择合适的洪水预报模型后，需要根据流域地形地貌、下垫面资料及水利工程情况进行模型参数确定，参数确定过程中需要以智能分析和人工选择的方式对参数的合理性、敏感性、可行性进行分析，同时需要根据历史洪水资料对水文模型参数进行率定，对已发生的洪水实时纳入模型参数进行率定。

另外，当水文预报模型得到预报结果后，需要对不同预报要素（洪峰流量、洪水过程等）选择相应的评价指标进行精度评定，并提出适用条件。应使用不少于 2 年未参与预报方案编制的资料进行精度检验，精度等级按精度评定合格率可划分为甲、乙、丙三级，当检验精度等级方案精度等级时，分析原因后无法增加资料再检验的，方案应降级使用。应根据方案评定结果明确适用条件，洪水预报方案精度达到甲、乙两级的，可用于发布正式预报；方案精度达到丙级，可用于参考性预报，丙级以下的，只能用于参考性估报。

3）作业预报

根据洪水预报方案进行作业预报，包括制作预报、预报会商、成果发布等。

制作预报依托预报系统在考虑降雨预报和水利工程运行的情况下进行，预报系统应具有自动预报、人机交互、多模型选择、多方案参证等功能，系统应具有界面友好、响应速度快、运行稳定可靠等特点。制作预报时应采用多种预报模型并充分考虑专家经验、历史相似洪水,对多种预报方案进行比选。制作预报应有较高的时效性,一般在 1.5 小时内完成。

预报过程中应根据水情发展情况和会商启动条件,组织水文机构洪水预报联合会商,并形成明确的会商结果。

预报结果经严格履行审核、签发等程序后,及时报送防御部门,按规定进行统一发布。

8.2.2　预警技术要求

对于城市防汛系统,预警功能主要包括:明确任务、制定指标和发布预警等。

1)明确任务

城市防汛系统的预警任务包括行业预警和社会预警等。

行业预警面向水利行业部门,需要按照规定的权限和程序,通过电话、传真、应急指挥系统多渠道及时将预警信息直达防御工作一线,满足水行政主管部门应急处置要求。应确保行业预警的权威性、时效性、安全性。

社会预警面向社会公众,需要按照预警发布管理办法,充分利用信息化技术,采用“线上”与“线下”相结合的方式进行,确保社会预警全覆盖、不漏一人、不留死角。同时发布相应的通俗易懂的预警防御指南,指导社会公众做好应对工作。

2)制定指标

预警指标包括预警要素、预警等级、预警阈值等。

城市防汛的预警要素根据江河洪水、山洪灾害、渍涝灾害、工程灾害等灾害获取,并能及时便于获取,及时反映风险事件的实际状况和变化趋势。

城市防汛的预警等级需要针对预警不同要素、不同量级,运用定量和定性分析相结合的方法,制定科学合理的等级划分标准。洪水灾害、山洪灾害预警等级一般可划分为蓝色预警、黄色预警、橙色预警、红色预警。

预警阈值根据预警不同量级、发展态势以及可能造成的危害程度确定不同等级预警要素的阈值范围。江河洪水水位预警应参照警戒水位(流量)、保证水位(流量)、防洪高水位、设计水位等特征指标及历史最高水位(最大流量)等指标,按四级预警进行划定。山洪灾害预警采用 1 ~ 24 小时网格降雨量,按四级预警来进行确定。

3)发布预警

包括规范流程、内容编制、信息发布等。

规范流程是制定预警发布管理办法,规范预警信息编制、审核、发布、撤销等权限及流程,明确预警发布主体、发布权限、撤销权限、审核流程、发布渠道、发布内容、时限要求和监督检查等。

预警发布内容包括发生原因、影响范围、持续时间、预警等级、防御建议等。其中，影响范围应细化至具体的流域水系及区域、地点等，持续时间应考虑预报预测、应对能力、经济社会等因素进行综合确定。预警内容应明确具体、通俗易懂。

按照预警发布管理办法依托预警发布平台及时进行预警信息分布，预警发布后应立即采取工程巡查、工程调度、人员转移等措施。预警发布平台应满足预警信息汇集高效性、发布流程规范性、信息传达快速性、监督检查便捷性等要求。应实现预警全覆盖，打通预警发布"最后一千米"。

8.2.3　预演技术要求

预演功能主要包括：构建预演场景、模拟仿真、制定和优化调度方案等。

1）构建预演场景

构建预演场景包括确定调度目标、预演节点、边界条件等。

针对江河洪水、山洪灾害、洪涝灾害、工程灾害等城市防汛灾害风险事件，通过对预测预报的模型进行模拟，预设不同类型、不同量级的预演场景，确定保护对象、防护标准等调度目标。调度目标应合理、可行，与现有的规划等相协调，在确保重点、兼顾一般的前提下，尽可能使防洪与综合利用目标相结合。

依据调度目标，确定参与调度的监测站点、水库、河流、泵站、水闸、排水管网等预演节点。参与调度的水利工程应守住安全底线，实现多目标协调优化，最大限度地减少灾害损失。

依据保护对象主要特征、经济社会发展需要、生态环境保护要求、水利工程现状条件等，量化确定参与调度的水利工程运行边界，包括洪水预报边界条件以及河道、堤防、水库、泵闸等防洪控制节点的控制运用指标，明确安全运行阈值范围等。

2）模拟仿真

模拟仿真包括资料准备、模拟计算、仿真可视化等。

资料准备基于数据底板，收集、整理预演相关基本资料，包括气象水文、河湖蓄泄能力、水利工程和非工程措施现状情况以及相关规程、方案、计划等，对所收集的资料应进行合理性和可靠性的分析评价。

模拟计算在数字孪生流域和数字孪生水利工程基础上，实现预报与调度的动态交互和耦合模拟。应既可对典型历史事件水利工程调度运用进行精准复演，确保所构建的模型系统正确性，又对设计、规划或未来预测预报的场景进行前瞻预演。应具备"正向"与"逆向"功能，"正向"功能应预演出风险形势和影响，"逆向"功能应预演出水利工程安全运行限制条件，及时发现问题，制定和优化调度方案。

调用模拟仿真引擎和可视化模型，进行水灾害或风险事件的发展变化和水利工程调度运用过程的可视化模拟，实现水安全要素的实时、动态展示。

3）制定和优化调度方案

制定和优化调度方案包括确定方案、制定防风险措施等。

在模拟计算成果基础上，结合水利工程运行状况、经济社会发展现状等，参考水利调度规则、典型历史案例，利用专家经验和智能分析等，优化确定水利工程运行调度方案。

针对确定的调度方案，提前发现风险和问题，及时采取防风险措施。防风险措施应充分考虑可能出现的最不利情况，守住安全底线，并做到提前制定、超前部署。

8.2.4　预案技术要求

预案功能主要包括水利工程调度运用、非工程措施制定、组织实施等。

1）水利工程调度运用

水利工程调度运用主要包括各类水利工程的运用次序、时机、规则等。应根据预演确定的方案，考虑水利工程最新工况、经济社会情况，明确规定各类水利工程的具体运用方式，确保现实性及可操作性。

2）非工程措施制定

非工程措施制定主要包括值班值守、物料设备配置、查险抢险人员配备、技术专家队伍组建及受影响人员转移等应对措施。其中，物料设备应提前预置，调用和供应应及时通畅。人员转移措施应按照就近就便原则，明确转移方式和路线。水利工程应明确巡查防守措施，出现险情应及时果断处理。

3）组织实施

主要包括落实水利工程调度运用、物料设备调配、查险抢险、人员转移等措施的执行机构、权限和职责，分类分级明确信息报送内容、方式和要求。

8.3　一张图展示

一张图展示为防汛部门用户了解各类防汛对象运行情况的直接窗口。通过 GIS 一张图，分层展示水务防汛关联图层，包括实时监测图层、协同调度图层、灾情信息图层、防汛防御工程图层、城市生命线图层、重点区域重点关注图层、辅助决策图层、基础地理信息图层等。一张图表现形式多种多样，可用矢量、影像、三维，与城市信息模型平台融合，在此基础上形成 CIM 平台水务防汛一张图，为城市管理决策者提供可视化数据支撑。

主要功能包括：实现对水库、河道、水闸、泵站、排水管网等水务防汛对象属性信息以列表形式进行展示，以河道为例，展示河道名称、级别、所属干流、流域面积、河道长度、所属流域等；对河道、水库、积涝点实时监测或视频监控数据进行展示，根据实时水位监测信息，自动更新显示和报警，以不同的颜色警示河道当前断面水位状态，比如超警戒水位以红色显示，并高亮闪烁，同时支持单点显示当前水位站，展示水位－降雨过程线、河道断面展示图、预案、工情信息、测站资料等；基于一张图，对各视频监测站点及监控视频进行显示，点击视频监测站点，可查看视频监控信息，与实时监测信息配合使用，方便管理人员直观的掌握河道、水库及城市内涝的发展情况（图8-2）。

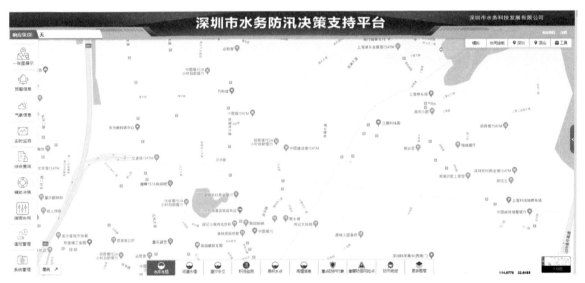

图8-2　一张图功能界面

8.4　预警信息

预警信息是水务防汛响应的前提条件，一旦出现预警信息，将会联动后续的辅助决策、指挥协同及值班管理等功能。历史预警信息将会以列表形式存在系统中以供查阅。每次预警后的处置方案将会作为历史数据存档，为下一次预警响应提供参考。预警信息是"四预"体系中的预警显示窗口。

预警信号包括暴雨信号、台风信号、风暴潮预警信号、地质灾害预警信号、干旱预警信号。这些预警信号是按照时间区间可对预警信号的类型、发布时间、取消时间、发布区域、发布内容等进行查询，按照时间区间可对预警信号类型、级别进行统计，同时支持历史预警信号的导出功能（图8-3）。

图 8-3　预警信息界面

8.5　气象信息

气象信息是水务防汛平台重要的外部数据来源，为水务防汛应急响应及处置的先置条件，此部分主要为数据接入，重点接入国家和城市气象局平台数据，为水务防汛系统提供气象预警、信号推送和气象广播等功能。

气象信息的主要功能包括台风路径、卫星云图、雷达图像、降雨分布、风速分布、潮汐预报、气象平台等。其中台风路径展示台风形成后所运行的路径，有助于决策人员提前做好防灾减灾准备，减少人员伤亡和经济损失。卫星云图主要是用于展示不同的天气系统，帮助工作及决策人员确定不同天气的位置，估计其强度及发展趋势，数据来源为当地气象局部分重要信息页面。雷达图像是气象信息的重要的组成部分，可协助决策者及相关工作人员精准、快速的定位降雨信息，并分析天气现状及发展趋势。降雨分布则显示全市 1 小时、3 小时降雨分布图进行及时显示，为水务防汛决策提供参考依据。风速分布是水务防汛决策者关注的重要信息，主要集成气象台近一小时极大风速分布图。潮汐预报是水务防汛决策者关注的重要信息，可对沿海城区在未来一定时间内的潮汐涨落情况进行的推算和预报。气象平台主要集成重要的气象台信息和深圳市气象局预警监测信息。以上数据接入展示均可从气象局陆海一体的决策服务平台、海洋防灾减灾救灾辅助决策平台、海洋预报产品展示平台获取（图 8-4 ~ 图 8-8）。

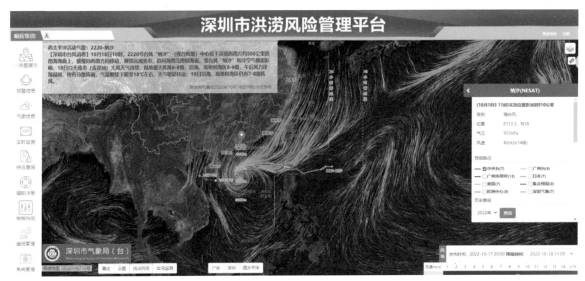

图 8-4　台风路径

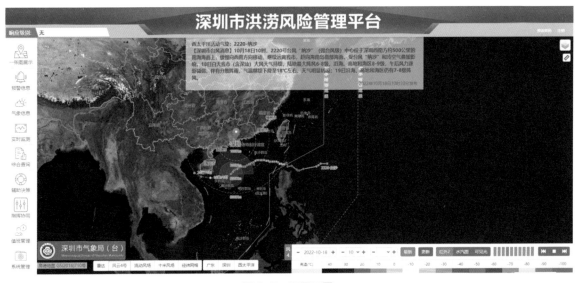

图 8-5　卫星云图

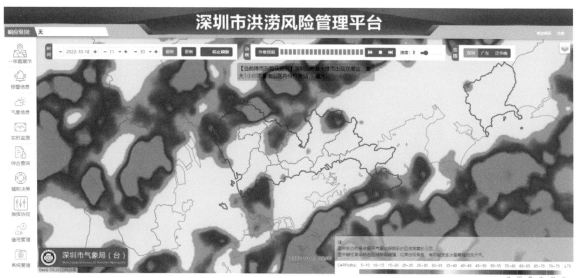

图 8-6　雷达图像

图 8-7　降雨分布

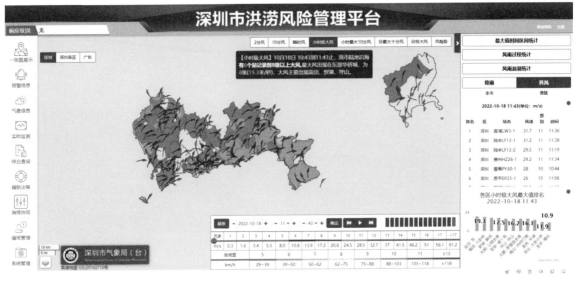

图 8-8　风速分布

8.6　实时监测

实时监测提供用户查询各类监测站点实时监测数据，并以图表形式实时动态可视化展示。

实时监测的主要功能包括风情信息、水情信息、雨情信息、潮情信息、积涝监测等。

风情信息：可在地图上显示各时间段各测站点的风速及级别，并可进行最大值时间区统计、风雨过程统计、风雨浪潮统计等。

水情信息：选择水位图层后，可在地图上显示所有水位站的最近实时水位数据，在地图右侧显示水位站列表，列表内能够按照区划进行查询，列表能够实现收缩或最小化；可对水位站定位，定位某水位站后能查看当前水库或河流水位站的实时水位信息、当前库容、最近 24 小时过程图、模拟水位、站点名称、水库空间位置、河流位置、库容曲线表、周边视频、工情信息、照片信息等（图 8-9）。

雨情信息：选择雨情图层后，在地图上默认显示所有雨量站的最近一小时降雨数据，在地图右侧显示雨量站列表，列表能够按照时间段、区划查询，列表能够收缩或最小化；可对雨量站定位，定位某雨量站后，能查看该雨量站的最近一小时降雨量、24 小时累计降雨信息、8 小时降雨柱状图、时段降雨结果（仅在时段查询后有效）、站点名称、水库空间位置、水库工情信息、照片信息、视频；同时可根据不同测站的雨量数据叠加雨量图（图 8-10）。

潮情信息：可在地图上显示所有潮位站的最近实时水位数据，在地图右侧显示潮位站列表，列表能够实现收缩或最小化；可对潮位站定位，定位某潮位站后能查看当前潮位站的实时水位信息、水位过程线、模拟水位、站点名称、空间位置等（图 8-11）。

积涝监测：可在地图上显示所有积涝站的最近实时水位数据，在地图右侧显示积涝站列表，列表内能够按照区划进行查询，列表能够实现收缩或最小化；可对积涝站定位，定位某积涝站后能查看当前的实时水位信息、水位过程线、模拟水位、站点名称、空间位置、测站信息、照片信息等（图 8-12）。

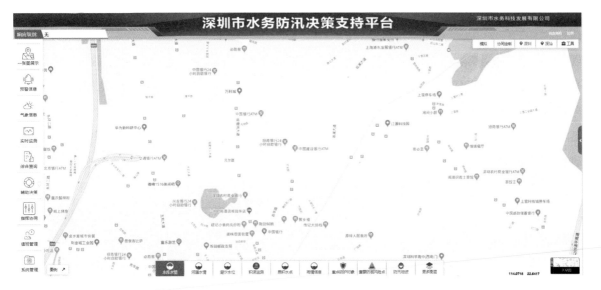

图 8-9　水情信息监测

图 8-10　雨情信息监测

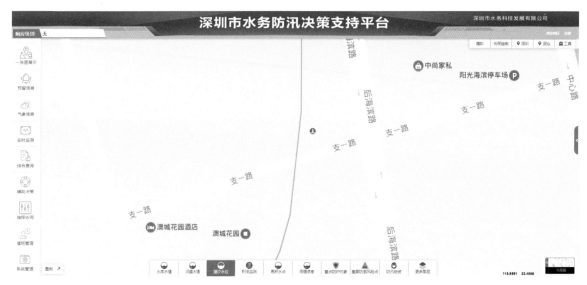

图 8-11 潮情信息监测

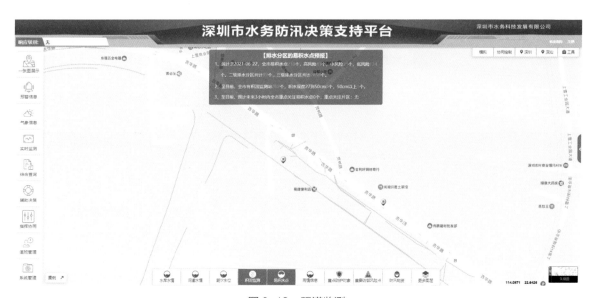

图 8-12 积涝监测

8.7　综合查询

综合查询是对涉及水务防汛等重要对象的信息进行查询预览，便于防汛应急响应中的指挥协同，包括进行防汛物资和队伍的调度、对于人员的安全转移及疏散等。

综合查询的主要功能包括对防汛物资、抢险队伍、应急避难场所、重点防护对象、地质灾害隐患点、预案信息、实时路况的查询等。

防汛物资：可查询到防汛物资仓库所在位置、名称、所属街道、仓库联系人、管理单位、物资负责人、联系方式等（图 8-13）。

抢险队伍：可定位到具体队伍，查询到所在区划、街道、队伍类别、专业设备情况、责任人及管理单位等（图 8-14）。

应急避难场：所可查询到避难场所所在位置、区域、面积、可容纳人数等（图 8-15）。

重点防护对象：可查询防护对象的名称、位置、风险识别、防护对象概况等（图 8-16）。

地质灾害隐患点：可查询到地质灾害隐患点所在街道、隐患点的坡长坡高坡度、威胁对象、隐患的等级、监测预防的责任单位、治理责任单位、边坡类别、预防要求及防治对策等（图 8-17）。

预案信息：可按照预案名称、预案类别、工程类别、行政区划来进行查询到预案详细内容、主要为城市防汛应急预案，含各个水库的防汛应急预案（图 8-18）。

实时路况：接入商业地图，显示交通路况数据，掌握道路拥堵信息，便于后续人员转移选择最佳路径（图 8-19）。

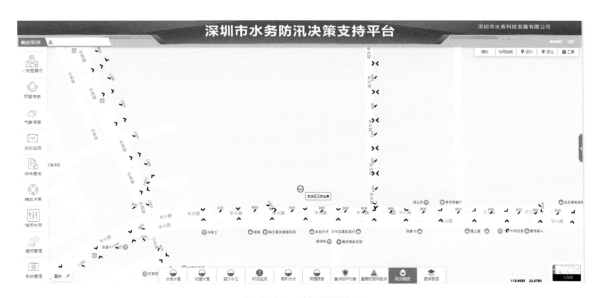

图 8-13　防汛物资分布

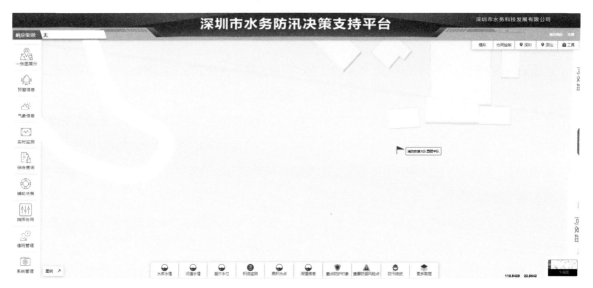

图 8-14　抢险队伍分布

图 8-15　应急避难场所分布

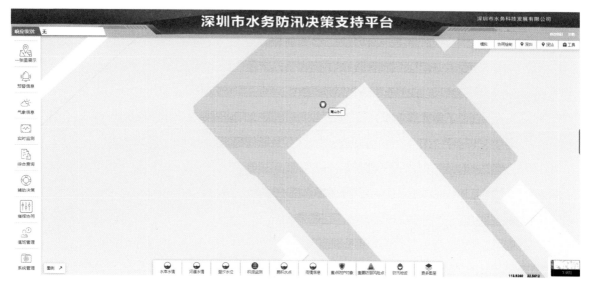

图 8-16　重点防护对象分布

图 8-17　地质灾害隐患点分布

图 8-18　预案信息

图 8-19　实时路况

8.8　辅助决策

辅助决策是根据历史及实时降雨、水库河道实时监测水情数据进行相关模型分析，得到模型分析结果用以辅助水务防汛决策，是"四预"功能中预测的重要体现。

辅助决策的主要功能包括内涝风险区分析、台风影响分析、排水能力分析、溃坝淹没范围、决策调用系统等。其中内涝风险区分析是根据历史暴雨事件，通过历史暴雨数据（雨量、水位等）、历史内涝范围数据，基于 GIS 的地区地形地貌数据，运用数据分析，确定不同降雨强度情况下的内涝易发区范围，识别内涝高风险区、中风险区、低风险区、潜在风险区，并在系统中用不同色块显示（图 8-20）。台风影响分析是根据历次台风数据，输入台风路径和风圈半径，利用 GIS 空间叠加分析出受影响的水务工程，点击某个水务工程，即可以图表形式显示水务工程的基本信息和图片、照片等。排水能力分析是根据水动力模型以及地形数据，耦合一维、二维数据，得到排水能力评估勾选图层显示中的排水能力，显示出深圳市内的排水系统的分析情况，分为五类：大于 5 年一遇、3～5 年一遇、2～3 年一遇、1～2 年一遇、小于 1 年一遇，其中不同排水能力的管网分别用不同颜色在系统中显示（图 8-21）。溃坝淹没范围是利用大坝溃坝模型，在溃坝发生时，根据大坝溃口参数、流体力学、溃坝水力学算法等基本原理，计算水库水位下降与入库洪水演进过程、下游洪水的演进过程，得到下游预测地点的洪峰值到达时间及洪水流量变化过程等；根据地理信息系统中的空间数据和水文数据，利用洪水的重力流动特性及地理地貌的情况，模拟溃坝下游的洪水的淹没范围；勾选图层显示中的溃坝淹没范围，显示出水库溃坝后的淹没分析情况，在地图上显示大坝溃坝后的淹没范围、断面位置，以及堤坝口的溃坝淹没范围（图 8-22）。决策调用系统是调用城市其他部门的预警调度平台相关分析内容，联动支撑水务防汛方面的调度，比如住房和建设部门、规划部门、流域管理中心、气象海洋部门的决策支持或预警调度系统等。

图 8-20　内涝风险区分析

图 8-21　排水能力分析

图 8-22　溃坝淹没范围预测

8.9　指挥协同

指挥协同是为水务防汛涉及的人员、物资、事件提供协同绘制的功能，是"四预"功能中预演的重要平台和工具。

指挥协同的主要功能包括防御部署、指挥动态及抢险救灾。其中防御部署是按照城市相关灾害防御应急响应操作指令或规程，进行防御部署；按照响应类型、责任单位快速查询相应的应对措施和联合值守要求。具体可显示城市防汛指挥部的成员部门及单位，点击不同的成员部门和单位后，以列表形式显示各成员部门和单位不同响应级别的应对措施，同时支持搜索查询的功能（图 8-23）。指挥动态是将每次防汛事件中收到的相关国家、省、市的文件和指令按事件顺序进行展示，具备按不同单位、时间检索的功能，同时将领导现场指挥决策的重要指令录入系统，并将现场处置反馈情况上传系统（图 8-24）。抢险救灾是根据灾情或突发事件的定位、类型、影响范围快速匹配抢险队伍、应急物资和避险中心信息，根据事故发生地点一定影响半径内汇总存在的抢险队伍、物资仓库及应急避难场所（图 8-25）。

图 8-23　防御部署

图 8-24　指挥动态

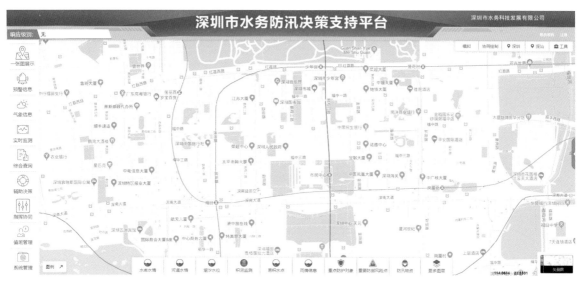

图 8-25　抢险救灾

8.10　值班管理

值班管理是水务防汛决策支持系统中应急响应事件的来源，同时也是提醒防汛应急响应开始正式启动的实操性工具，系统中值班管理功能将防汛责任人和防汛应急事件关联起来，使得事件落实到人，以便进行全过程闭环处理。

值班管理的主要功能包括突发事件报送、防汛责任人及灾情响应发布。突发事件报送包括事件信息报送、事件信息接处、事件一键核实、事件全程留痕、事件多维统计。事件信息接处、报送，可根据规定格式和模板一键生成突发事件专报格式，支持各级对下级上报事件进行事件接处、退回、标星等。事件一键核实，可智能关联各级值班室电话、视频，进行一键电话连线、视频连线，自动形成通话记录。事件全程留痕，可支持专报模糊检索，支持事件分类型多维统计查询，导出统计结果。事件多维系统主要是指应急响应及防汛，具备汇总列表和历史场次统计功能。防汛责任人则包括责任人信息管理及查询，可展示防汛管理组织架构，用于管理防汛责任人用户信息，包括姓名、单位、职位、手机号码、性别以及对应的管理责任。防汛责任人还包括短信发送功能，短信发送主要为实现快速通信功能，在防汛期间，可通过系统直接以短信或电话等形式通知相关责任人，确保值班人员迅速到岗，保障汛期安全；通过系统中已录入业务接收人员的、姓名、用户组、移动号码等，可在短信平台中编辑短信消息，一键多选责任人，发送消息。

灾情响应发布是接收来自事故现场定位的地点和简单的描述信息、事件详细信息、事件图片、事件的处理方案，并保存到相关的数据库中。事件定位信息和简单的事件描述信息可以在管控中心的电子地图系统上显示出来，为会商过程全面掌握实际城区内涝灾害实况提供信息补充，也可满足灾害过程数据的搜集保存的需要。该模块实现了灾情现场移动采集设备采集信息的接收和展示，用户可及时了解到灾情现场发生的实况信息并查看详情（包括文字、图片、音频、视频信息）及处理情况（图8-26）。

图8-26　响应级别发布

8.11　系统管理

系统管理是用户对水务防汛决策支持系统进行管理维护的重要工具，按照用户分类赋予用户不同功能。其中普通用户负责对水务防汛决策支持系统上的测站基本信息及基础防汛对象属性信息进行维护，确保系统上的测站基本信息及基础防汛对象信息准确无误，若有工程变化情况需要及时更新；而管理员用户则是针对系统整个菜单、角色和功能权限进行分配管理以及地图配置等，确保不同用户根据工作需求显示不同的数据以及功能菜单等，系统使用体验不断优化。

　　普通用户系统管理的主要功能包括测站维护、水库维护、河道维护、水闸维护、排涝泵站维护。其中测站维护包括测站名称、测站编码、所属区、水系名称、流域名称、站址、测站类型、安装时间等的修改。

　　管理员用户系统管理的主要功能包括菜单管理、部门管理、用户管理、角色管理、地图配置等。菜单管理：设置菜单管理功能，可对菜单顺序、菜单目录进行调整。部门管理：设置部门管理功能，可对部门进行新增、删除、修改、查询、分配用户等。用户管理：设置用户管理功能，可对用户进行新增、删除、修改、查询、分配角色等。角色管理：设置角色管理功能，可对角色进行新增、删除、修改、查询等操作，同时功能授权以角色分配授权。地图配置：规划和自然资源局的地图资源，比如矢量地图服务和卫星地图服务均发布有其特定的服务地址，因此设置地图配置功能，可将地图服务的地址添加进系统，保存后即可通过本系统访问，可对地图服务进行新增、删除、修改等操作（图 8-27）。

图 8-27　测站维护统计

第 9 章

信息安全

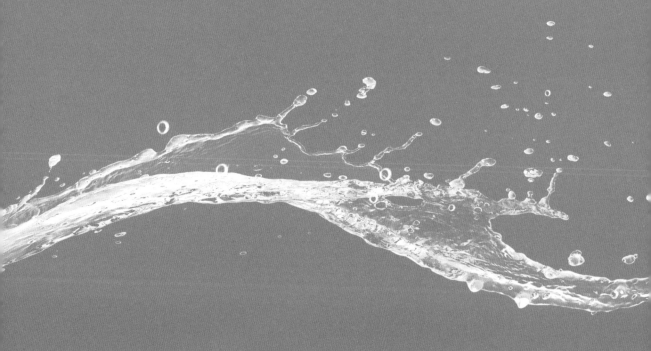

随着信息化的发展，越来越复杂的信息系统及云计算、物联网、移动网络、大数据等大量新兴技术的应用，给城市水务防汛决策支持系统的网络安全带来了巨大挑战。

根据《信息安全技术网络安全等级保护定级指南》（GB/T 22240—2020）中"业务信息系统被破坏时所侵害的客体"及"相对于客体侵害程度"，城市水务防汛决策支持系统的安全等级应为等级保护三级，建设围绕"一个中心，三重防护"的纵深防御体系。在城市水务防汛决策支持系统建设过程时，信息安全建设应做到同步规划、同步建设、同步使用，建立一套针对系统的完善的安全防护体系；在等级保护通用安全能力的基础上，从业务梳理、数据梳理入手，基于数据分类分级的结果，采用数据安全治理的建设思路，针对城市水务防汛决策支持系统建设覆盖数据全生命周期的安全管控能力。

9.1　建设依据

城市水务防汛决策支持系统的信息安全建设主要依据以下法律、法规、标准、规范：

①《中华人民共和国网络安全法》；

②《国家网络空间安全战略》；

③《数据安全管理办法（征求意见稿）》；

④《信息安全技术网络安全等级保护基本要求》；

⑤《信息安全技术网络安全等级保护安全设计技术要求》（GB/T 22239—2019）；

⑥《信息安全技术网络安全等级保护测评要求》（GB/T 28448—2019）；

⑦《信息安全技术信息安全风险评估规范》（GB/T 20984—2007）；

⑧《信息安全技术信息系统安全管理要求》（GB/T 20269—2006）；

⑨《信息技术安全技术信息安全管理体系要求》（GB/T 22080—2016/ISO/IEC 27001:2013）；

⑩《信息安全技术信息系统通用安全技术要求》（GB/T 20271—2006）；

⑪《信息安全技术大数据安全管理指南》（GB/T 37973—2019）；

⑫《信息安全技术大数据服务安全能力要求》（GB/T 35274—2017）；

⑬《信息安全技术云计算服务运行监管框架》（GB/T 37972—2019）；

⑭《信息安全技术云计算安全参考架构》（GB/T 35279—2017）；

⑮《信息安全技术云计算服务安全指南》（GB/T 31167—2014）；

⑯《信息安全技术云计算服务安全能力要求》（GB/T 31168—2014）；

⑰《计算机信息系统安全保护等级划分准则》（GB 17859—1999）；

⑱《网络安全等级保护条例（征求意见稿）》；

⑲《信息安全技术个人信息去标识化指南》（GB/T 37964—2019）；

⑳《信息安全技术个人信息安全规范》（GB/T 35273—2020）；

㉑《数据安全能力成熟度模型》（GB/T 37988—2019）；

㉒《信息安全技术数据出境安全评估指南（征求意见稿）》；

㉓《深圳市新型智慧城市建设总体方案》；

㉔《深圳市人民政府应急管理办公室关于进一步加强全市应急平台体系建设的指导意见》。

9.2　安全框架

针对城市水务防汛决策支持系统，参照等保 2.0 标准体系，通过构建"一个中心、三重防护"通用安全防护体系，在构建通用安全防护体系基础上，针对云计算、大数据业务使用的场景进行多层次的防护。

针对城市水务防汛决策支持系统的数据，以"关键数据"为核心，从治理评估、组织结构、管理制度、安全技术开展数据安全的保障体系，实现数据的全生命周期保护关键数据的安全，提升城市水务防汛决策支持系统的数据安全保障能力（图 9-1）。

图 9-1　综合防御体系

9.3　通用安全防护体系

目前信息安全防护正在从分层防护向综合防控、集中防护的思想转变。主要体现在"一个中心，三重防护"的指导思想。三重防护是指安全通信网络、一个中心是指安全管理中心，安全区域边界和安全计算环境。安全管理中心不是某一个平台或某一个系统，而是把安全管理、安全监测、安全审计等各类的设备和应用平台集中管控。

9.3.1　安全管理中心

9.3.1.1　系统管理

对于系统相关的设备，比如网络设备、安全设备、服务器主机、数据库、应用等，通过堡垒机在系统运维人员和信息系统之间搭建一个唯一的入口和统一的交互界面，针对信息系统中关键软硬件设备运维的行为进行管控及审计。将各设备、应用系统的管理接口通过强制策略路由的方式，转发至堡垒主机，从而完成反向代理的部署模式，实现对管理用户的身份鉴别。将"数字证书"认证方式作为"用户名＋口令"验证身份的有效补充和增强，实现等级保护三级要求的双因素身份认证。

对于安全管理的需求，建议在堡垒机上设计明细的资源权限控制策略，提供细粒度的访问控制，最大程度保护用户资源的安全。通过细粒度的资源分配措施，将相关的管理资源分配给具体的用户来限制其系统访问行为。访问控制策略是保护系统安全性的重要环节，制定良好的访问策略能够更好地提高系统的安全性。

9.3.1.2　运维审计

提供基于浏览器／服务器（Browser/Server，B/S）的单点登录系统，用户通过一次登录系统后，就可以无须认证地访问包括被授权的多种基于 B/S 的应用系统，使用户无须记忆多种登录用户名和口令。单点登录可以实现与用户授权管理的无缝链接，可以通过对用户、角色、行为和资源的授权，增加对资源的保护和对用户行为的监控及审计。

1）集中账户管理

支持对所有服务器、网络设备登录账号的集中管理，是集中授权、认证和审计的基础，降低了管理大量用户账号的难度和工作量。同时，还能够制定统一的、标准的用户账号安全策略。集中账号管理可以实现将账号与具体的自然人相关联，从而实现针对自然人的行为审计。

2）统一身份认证

为用户提供统一的认证接口。采用统一的认证接口不但便于对用户认证的管理，而且能够采用更加安全的认证模式，提高认证的安全性和可靠性，同时又避免了直接在业务服务器上安装认证代理软件所带来的额外开销。集中身份认证提供静态密码、数字证书、一次性口令和生物特征等多种认证方式，而且提供接口，可以方便地与第三方认证服务对接。建议采用基于静态密码 + 数字证书的双因素认证方式。

3）统一资源授权

提供统一的界面，对用户、角色及行为和资源进行授权，以达到对权限的细粒度控制，最大程度地保护用户资源的安全。集中访问授权和访问控制可以对用户通过 B/S、C/S 对服务器主机、网络设备的访问进行审计和阻断。授权的对象包括用户、用户角色、资源和用户行为。系统不但能够授权用户可以通过什么角色访问资源这样基于应用边界的粗粒度授权，对某些应用还可以限制用户的操作，以及在什么时间进行操作等的细粒度授权。

9.3.1.3　集中管控

1）运维审计

堡垒机可审计操作人员的账号使用（登录、资源访问）情况、资源使用情况等。在各服务器主机、网络设备的访问日志记录都采用统一的账号、资源进行标识后，操作审计能更好地对账号的完整使用过程进行追踪。为了对字符终端、图形终端操作行为进行审计和监控，堡垒主机对各种字符终端和图形终端使用的协议进行代理，实现多平台的操作支持和审计。

2）集中日志收集与分析

在安全运维管理区设置一套集中的日志收集和分析系统，对系统所有网络设备、服务器操作系统、应用系统、安全设备、安全软件管理平台利用网络时间协议（NTP）设备设备进行时钟同步，对所有的日志数据进行统一采集、存储、分析和统计，为管理人员提供直观的日志查询、分析、展示界面，并长期妥善保存日志数据以便需要时查看。应保证审计记录的留存时间符合法律法规要求。

3）IT 运维管理

通过 IT 运维网络管理平台，结合智能平台管理接口（IPMI）交换机，对整体网络重要的通信线路、主机系统、网络设备和应用软件的运行状况、网络流量、用户行为、系统故障等进行集中监测，随时了解整个 IT 系统的运行状况，对系统资源故障第一时间发现、定位并进行告警，为确保信息系统和业务应用的持续可靠运行提供运维保障。

4）防计算机病毒管理

在安全运维管理区或通过政务云相关主机防计算机病毒服务，部署统一的防计算机病毒系统管理服务器和升级服务器，确保全网具有一致的防计算机病毒策略和最新的计算机病毒查杀能力。

5）防计算机病毒软件的升级

计算机病毒特征库根据防计算机病毒软件厂商的发布情况进行升级。所有终端通过防计算机病毒管理服务器统一升级计算机病毒定义码、扫描引擎；根据业务使用实际情况，定期（比如每周）做一次计算机病毒库升级，特殊情况下按计算机病毒预警发布信息及时更新；每周要对服务器和终端进行计算机病毒码和计算机病毒引擎的检查，以及查杀计算机病毒情况，看是否及时得到更新。

6）补丁管理

建议针对操作系统、应用软件、数据库、中间件等信息系统厂商最新发布的补丁或针对已发现漏洞的补丁及时进行更新，确保全网具有一致和最新的漏洞修复能力。

9.3.2　安全通信网络

安全通信网络重点关注的安全问题如下：网络架构的安全，包括网络安全区域的合理划分、重要网络区域部署和防护；主干网络的可用性，包括通信链路和节点设备的冗余、网络带宽的合理分配；网络通信中数据完整性和保密性的防护等。因此，在安全通信网络层面，需要采用的安全技术手段包括：

9.3.2.1　网络架构安全

按照方便管理和控制的原则，对所涉及的网络划分不同的安全区域，并为各安全区域分配相应的地址和设置默认路由。在安全区域划分基础上可方便地进行网络访问控制、网络资源（带宽、处理能力）管控等安全控制，并对不同安全区域边界的保护策略进行针对性设置。

1）安全区域划分

根据城市水务防汛决策支持系统网络各个组成部分的业务功能、安全保护级别、访问需求等进行安全域划分，具体包括业务数据接入区、核心交换区、业务平台隔离区（Demilitarized Zone，DMZ）、安全运维管理区等安全区域。

2）安全措施部署

在划分安全区域的基础上，进行网络架构安全措施的部署。

（1）区域边界隔离

针对区域边界隔离的相关要求，应在安全区域划分的基础上，利用路由交换设备自身的能力，按照用户实际需求，对内部网络不同安全区域划分不同逻辑子网（VLAN），并在 VLAN 之间定义访问控制规则（ACL），实现网络内部不同安全区域之间的基本隔离。按照实际情况在安全区域边界部署边界防火墙等隔离设备，并配置相应的安全策略，实现内外网安全隔离和内部不同网络区域之间的安全隔离。通过设置相应的网络地址转换策略和端口控制策略，避免将重要网络区域直接暴露在互联网上及与其他网络区域直接连通。

（2）提高链路冗余性

单线路、单设备的结构很容易发生单点故障导致业务中断，因此对于城市水务防汛决策支持系统这类提供关键业务服务的信息系统，应用访问路径上的任何一条通信链路、任何一台网关设备和交换设备，都应当采用可靠的冗余备份机制，以最大化保障数据访问的可用性和业务的连续性。

9.3.2.2　通信传输安全

对于城市水务防汛决策支持系统注册用户及移动办公、远程开发人员或者是运维人员通过互联网、政务外网登录到应用系统进行的业务交互操作或远程管理操作，建议采用互联网安全协议（IP sec）或安全套接层专用虚拟网络（SSL VPN）技术来保证重要、敏感信息在网络传输过程中的完整性和保密性。

1）安全接入管理

通过结合使用数字证书与专用 VPN 客户端软件，实现接入身份以及设备的准确识别、对接入终端的安全管理，保证系统接入过程的安全可靠。

2）传输过程安全管理

借助 IP sec VPN 或 SSL VPN 技术的隧道加密技术实现网络通信过程及数据传输过程的安全，并且可根据不同人员的角色确认应用的访问权限，实现随时随地按需接入及受限访问，最大程度地保证传输过程安全。

9.3.3　安全区域边界

安全区域边界是对内部应用系统计算环境进行安全防护和防止敏感信息泄露的必经渠道；通过区域边界的安全控制，可以对进入和流出应用环境的信息流进行安全检查，既可以保证城市水务防汛决策支持系统所涉及的业务敏感信息不会泄漏出去，同时也可以避免系统遭受外界的恶意攻击和破坏。

9.3.3.1　边界防护

在划分的安全区域内部署防火墙，具备边界防护能力，在边界防火墙上开启安全访问控制及安全检测策略，保证跨越区域边界的访问和数据流是通过边界防护设备提供的受控接口进行通信的。另外对于用户通过其他绕过安全设备的手段接入网络，这些边界防御设备则形同虚设。因此，必须在全网中对网络的接入和外联进行连接状态的监控，准确定位并能及时报警和阻断。

9.3.3.2　访问控制

由于城市水务防汛决策支持系统是面向政务外网提供开放服务，面临来自外部网络的非法访问和恶意攻击。建议在网络安全态势感知平台各个安全域的边界防火墙开启访问控制策略，借助基于深度包检测技术的网络访问控制机制，可对进出网络边界的通信报文、应用会话和数据内容进行检查，拦截非授权访问行为和非法数据通信。

9.3.3.3　入侵防范

针对互联网上常见的漏洞利用攻击、SQL 注入攻击、XSS、缓冲区溢出、DOS/DDOS 攻击等恶意破坏方式，综合采用入侵检测和防御、异常流量管理与抗拒绝服务攻击、未知威胁防御等安全机制，阻断恶意的网络数据包，有效保证网站服务器正常提供服务。

1）网络入侵防御

在城市水务防汛决策支持系统所有安全区域的边界防火墙上启用入侵防御功能，实时发现和阻止从外部网络发起的网络攻击行为；同时可在业务平台 DMZ 区、安全运维管理区边界防火墙上均启用入侵防御功能，阻止来自其他网络区域的攻击流量。

2）防 DDOS 攻击

通过在网络出口部署防 DDOS 设备，可准确检测并阻断来自外部网络的 DDOS 攻击，保证合法流量的传输，也减轻出口网关设备的性能压力，保障用户业务系统的持续性和稳定性。

3）未知威胁防御

可根据需要在 DMZ 区部署一套蜜罐系统，通过该系统在网络中部署仿真主机，主动诱导攻击，记录攻击细节并产生告警，可定位攻击源，弥补网络防护体系短板，提升主动防御能力。同时，为了保证仿真主机的诱惑性和命中率，采用先进的容器技术对设备进行虚拟化，部署一套设备，可虚拟出多个仿真主机，形成复杂的蜜网环境，提高入侵者发现的概率，极大地提升异常行为的发现率。

4）计算机病毒过滤网关

在各安全域所部署的下一代防火墙上开启计算机病毒过滤功能，对进出的网络数据流进行计算机病毒、恶意代码扫描和过滤处理，并提供计算机病毒代码库的自动或手动升级，彻底阻断外部网络的计算机病毒、"蠕虫"、"木马"及各种恶意代码向网络内部传播。

计算机病毒过滤网关与部署在终端、服务器上的计算机防病毒软件相配合，从而形成覆盖全面、分层防护的多级计算机病毒过滤系统。作为边界防护设备，计算机病毒过滤网关提供以下的安全功能：

（1）网络计算机病毒过滤

对简单邮件传输协议（SMTP）、邮局协议的第 3 个版本（POP3）、互联网消息访问协议（IMAP）、超文本传输协议（HTTP）和文件传输协议（FTP）等应用协议进行病毒扫描和过滤，通过恶意代码特征过滤，对计算机病毒、木马、蠕虫以及移动代码进行过滤、清除和隔离，有效地防止可能的计算机病毒威胁，将计算机病毒阻断在进入网络之前。

（2）恶意代码防护

支持对移动代码比如 Visual Basic 脚本语言（Vbscript）、Java 脚本语言（JavaScript，JS）、

ActiveX 控件、Applet 应用程序的过滤，能够防范利用上述代码编写的恶意脚本进入网络。

（3）"蠕虫"防范

可以实时检测到日益泛滥的"蠕虫"攻击，并对其进行实时阻断，从而有效防止信息网络因遭受"蠕虫"攻击而陷于瘫痪。

9.3.3.4 安全审计

安全审计通过收集并分析系统日志等数据，从而发现违反安全策略的行为。与入侵检测相比，安全审计主要侧重于事后分析，即当发生安全事故或者发生违反安全策略的行为之后，通过检查、分析、比较审计系统收集的数据，从中发现违反安全策略行为。

1）网络安全审计

为了对特定用户的网络访问行为和内容进行更细粒度的审计追踪，应在系统内部网络中部署专门的网络审计系统。主要包括以下功能：

（1）网络行为和传输内容实时监测和审计取证

对服务器区域的应用访问进行网络访问行为的监控和网络传输内容的审计，可根据管理人员的需求进行审计策略的设置（比如本单位职工是否在工作时间做与工作无关的事情、是否通过网络泄漏了本单位的机密信息等），实现网络行为后期取证，对网络潜在威胁者予以震慑。

（2）内容监控

对特定应用系统进行监控；对于指定端口，指定 IP 地址或 IP 段进行监控；根据设定的关键词或关键字组合自动对网页内容查询、分析、统计、检查。

2）日志审计

在城市水务防汛决策支持系统网络中所有网络设备和新增的边界安全设备上均开启完整的日志记录功能，对重要的用户行为和重要安全事件进行审计，并将审计记录实时发送给集中的日志服务器或转存至数字孪生平台上，便于长期存储保护和分析使用。

9.3.4 安全计算环境

计算环境是应用系统的运行环境，包括应用系统正常运行所必需的主机（终端、服务器、网络设备等）、应用系统、数据、存储与备份等，计算环境安全是应用系统安全的根本。

9.3.4.1 身份鉴别

堡垒机为运维用户提供统一的认证接口。采用统一的认证接口不但便于对用户认证的管理，而且能够采用更加安全的认证模式，提高认证的安全性和可靠性，同时又避免了直接在业务服务器上安装认证代理软件所带来的额外开销。集中身份认证提供静态密码、数字证书、一次性口令和生物特征等多种认证方式，而且提供接口，可以方便地与第三方认证服务对接。建议采用基于静态密码 + 数字证书的双因素认证方式。

9.3.4.2　访问控制

堡垒机提供统一的界面，对用户、用户角色及行为和资源进行授权，以达到对权限的细粒度控制，最大程度地保护用户资源的安全。通过集中访问授权和访问控制可以对用户通过 B/S、C/S 对服务器主机、网络设备的访问进行审计和阻断。授权的对象包括用户、用户角色、用户资源和用户行为。系统不但能够授权用户可以通过什么角色访问资源这样基于应用边界的粗粒度授权，对某些应用还可以限制用户的操作，以及在什么时间进行操作等的细粒度授权。

9.3.4.3　安全审计

1）运维审计

堡垒机可审计操作人员的账号使用（登录、资源访问）情况、资源使用情况等。在各服务器主机、网络设备的访问日志记录都采用统一的账号、资源进行标识后，操作审计能更好地对账号的完整使用过程进行追踪。为了对字符终端、图形终端操作行为进行审计和监控，堡垒主机对各种字符终端和图形终端使用的协议进行代理，实现多平台的操作支持和审计，例如 Telnet、SSH、FTP、Windows 平台的远程桌面协议（RDP）远程桌面协议，Linux/Unix 平台的 X Window 图形终端访问协议等。

2）日志审计

在所有服务器操作系统、应用系统和新增的各种安全系统均开启完整的日志记录功能，对重要的用户行为和重要安全事件进行审计，并将审计记录实时发送给集中的日志服务器或转存至数字孪生平台上，便于长期存储保护和分析使用。

9.3.4.4　入侵防范

1）安全配置检查和加固

利用安全配置检查和加固设备，实现对网络设备、安全设备、服务器、中间件等 IT 资源进行自动化安全配置检查、分析，并提供专业的合规性报表与相关安全配置项的建议。

2）网络漏洞扫描

部署一套网络漏洞扫描系统，根据需要连接到各网络区域中，以本地扫描或远程扫描的方式，对重要的网络设备、主机系统及相应的操作系统、应用系统等进行全面的漏洞扫描和安全评估。通过从不同角度对网络进行扫描，可以发现网络结构和配置方面的漏洞，以及各个设备和系统的各种端口分配、提供的服务、服务软件版本等存在的安全弱点。系统提供详尽的扫描分析报告和漏洞修补建议，帮助管理员实现对系统网络尤其是其中的重要服务器主机系统的安全加固，提升安全等级。

漏洞扫描系统提供以下功能：

（1）漏洞扫描

漏洞知识库从操作系统、服务、应用程序和漏洞严重程度多个视角进行分类，支持对漏洞信息的检索功能，可以从其中快速检索到指定类别或者名称的漏洞信息，并具体说明支持的检索方式。

系统内置不同的策略模板，例如针对 Unix、Windows 操作系统等模板，允许用户定制扫描策略，用户可定义扫描范围、扫描使用的参数集、扫描并发主机数等具体扫描选项。

可以在扫描过程中人工指定包括简单网络管理协议（SNMP）和服务器消息块（SMB）等常见协议的登陆口令，登录到相应的系统中对特定应用进行深入扫描。

可定义扫描端口范围、端口扫描方式，支持多种口令猜测方式，包括利用 Telnet、 Pop3、FTP、Windows SMB 等协议进行口令猜测，允许外挂用户提供的字典档。

（2）漏洞分析

能够对扫描结果数据进行在线分析，能够根据端口、漏洞、安全警示信息（Banner 信息）、IP 地址等关键字对主机信息进行查询并能将查询结果保存。

离线报告可以输出到 HTML、Word、Excel 等文件，报告可以直接下载或通过邮件直接发送给相应管理人员。

在线报表中对综述、主机、漏洞、趋势等信息进行分类显示，综述中应对漏洞和风险分布进行定量统计分析并展示。

（3）漏洞管理

提供 XML、SNMP TRAP 和 HTTP 等二次开发接口给其他的安全产品或者安全管理平台调用，并且提供具体接口的说明文档。对扫描出来的资产的安全漏洞能够发送邮件给对应的资产管理员，通知其限期内修复漏洞并自动对修复进行验证，实现对漏洞的有效跟踪和验证。

3）恶意代码防范

在系统所涉及的所有业务服务器、终端系统上部署终端威胁防御系统（EDR），实现统一计算机病毒查杀、漏洞管理、系统加固、软件管理、流量监控、资产管理等安全功能，有效地保护计算环境内用户计算机系统安全和信息数据安全。在安全运维管理区部署统一的终端威胁防御系统管理服务器和计算机病毒库升级服务器，确保系统所涉及的服务器以及终端具有一致的威胁防御策略和最新的计算机病毒查杀能力。

终端威胁防御系统采用轻量级客户端安装，主要功能如下：

（1）计算机病毒查杀

支持对终端设备／服务器主机内部文件进行全盘扫描、快速扫描、自定义扫描 3 种扫描能力。具备空闲查杀、异步查杀、断点查杀、后台查杀等功能，支持扫描和清除各种广告软件、恶意插件、隐蔽软件、黑客工具、风险程序等。能够实时监控和清除来自各种途径的计算机病毒、"木马"、恶意程序。支持计算机病毒自动隔离功能，对于暂时无法清除的被感染文件或者可疑文件，防计算机病毒软件的客户端能自动将其隔离到本地隔离区。支持对注册表计算机病毒、内存或服务类计算机病毒的查杀，提高终端安全防护等级，对已经运行的计算机病毒进程可以执行关闭的操作。

（2）补丁自动升级

可帮助管理员对网内基于 Windows 平台的机器快速部署最新的重要更新和安全更新。能够检测桌面系统已安全的补丁和需要安装的补丁，管理员能对桌面系统下发安装未安装补丁的命令。只要终端接入信息网络中，通过统一的终端安全管理平台，便可自动获得补丁，实现操作系统补丁的自动升级，从而确保操作系统的强壮性。补丁服务器自动通过互联网与微软升级服务器进行同步，也可由管理员定期手工从互联网下载更新包后拷贝到补丁服务器上。

4）网络准入

网络准入功能支持标准 802.1x 协议，通过对支持此协议的交换机进行管理，实现有线局域网网络准入。认证方式支持消息摘要算法（MD5）准入和网络访问控制（TNC）准入，认证模式支持用户模式和计算机模式。

5）WEB 应用防护

在城市水务防汛决策支持系统所提供 WEB 业务前端部署专业的 WEB 应用防火墙（WAF），对系统应用服务和网页内容进行防护，屏蔽对网站的攻击和篡改行为，实现防跨站攻击、防 SQL 注入、防止黑客入侵、网页防篡改等功能，从而更有效地对网站服务器系统及网页内容进行安全保护，从应用和业务逻辑层面真正解决 WEB 网站安全问题。

所部署的 WEB 应用防火墙应提供以下主要功能：

①支持对 HTTP 数据流进行深度分析，内置针对 WEB 攻击防护的专用特征规则库，规则涵盖诸如结构化查询语言（SQL）注入、跨站脚本攻击（XSS）等开放式网页应用程序安全项目（OWASP）发布的年度全球最严重的十大网页应用程序安全风险，以及远程文件包含漏洞利用、目录遍历、OS 命令注入等当今黑客常用的针对 WEB 基础架构的攻击手段。

②对于 HTTP 数据包内容具有完的的访问控制权限，检查所有经过网络的 HTTP 流量，回应请求并建立安全规则。一旦某个会话被控制，WEB 应用防火墙（WAF）能对内外双向流量进行多重检查，以阻止内嵌的攻击，保证数据不被窃取。网站管理者也可以指定各种策略对统一资源定位符（URL）、参数和格式等进行安全检查。

9.3.4.5 数据的完整性和保密性

城市水务防汛决策支持系统处理的各种数据（用户数据、系统数据、业务数据等）在维持系统正常运行上起着至关重要的作用。一旦数据遭到破坏（泄漏、修改、毁坏），都会在不同程度上造成影响，从而危害到系统的正常运行。由于信息系统的各个层面（网络、主机、应用等）都对各类数据进行传输、存储和处理等，因此对数据的保护需要物理环境、网络、数据库和操作系统、应用程序等提供支持。

保证数据安全和备份恢复主要从数据完整性、数据保密性、数据备份恢复、剩余信息保护和个人信息保护等方面予以考虑。

（1）数据传输完整性和保密性

对于城市水务防汛决策支持系统用户及远程运维人员通过远程登录系统进行的业务交互操作或远程管理操作，通过部署 VPN 设备，采用基于"用户名口令＋动态口令"或基于公开密钥基础设施（PKI）数字证书的认证机制实现用户身份认证，利用对称密钥技术实现数据传输的保密性和完整性，并采用数字签名技术保证交易的抗抵赖性，可方便地实现应用系统用户的远程安全访问，保证重要、敏感信息在网络传输过程中的完整性和保密性。

（2）数据存储完整性和保密性

城市水务防汛决策支持系统所涉及的数据较多，针对所存储数据，为了保证数据存储的安全，在存储的过程中，针对不同的数据类型分别采用磁盘加密、数据库加密、文件加密等手段保证重要数据在存储过程中的完整性和保密性。

9.3.4.6 数据备份恢复

在数据容灾模式的选择上，针对业务虚拟机、业务核心数据、数据库数据等重要业务数据，采用以在线备份系统为主、离线备份介质为辅的方式，一方面可通过快速的数据恢复满足业务连续性的需要，另一方面也确保大量的历史数据得到经济、妥善的保存，节省在线存储设备开销。

（1）本地备份

建设备份服务器，针对虚拟机系统、核心业务数据、数据库数据等定期备份。对业务系统的在线业务数据进行同步存储备份。一旦主存储系统出现故障导致数据丢失，可迅速进行恢复。

在备份服务器上连接一个磁带库，实现数据离线导出备份。每天将备份的磁带介质运送到安全的场外存放地点进行保存。一旦发生站点级灾难导致本地在线备份数据不可用时，可以从备份磁带上恢复数据。根据前面的需求分析，完整数据备份至少每天一次，增量备份频率则需依据实际的恢复点目标需求确定。

（2）异地备份

在条件允许的情况下，建议增加异地备份，实现数据的远程备份。当发生不可预知性灾难时，远程存储设备能够将数据恢复，达到容灾的功能。

备份机房可以在主数据中心同城的其他地点或在异地建立灾备中心。部署存储备份系统，实时对业务数据进行远程备份，为应对各种站点级的灾难事件提供快速的恢复能力。

9.3.4.7　剩余信息保护

为了保证存储在硬盘、内存或缓冲区中的信息不被非授权访问，操作系统应对这些剩余信息加以保护。用户的鉴别信息、文件、目录等资源所在的存储空间，操作系统将其完全清除之后，才释放或重新分配给其他用户。

采取的措施包括：取消操作系统、数据库系统和堡垒机等系统的用户名、登录密码自动代填功能，确保身份鉴别信息和敏感业务数据所在的存储空间被释放或重新分配前得到完全清除。

9.3.4.8　个人信息保护

网络安全态势感知平台相关的业务应用系统应仅采集和保存系统必需的用户个人信息，对于非必需的数据不应进行采集和保存，禁止对业务系统中存放的用户个人信息进行未经授权的访问和使用。另外为了加强对用户个人信息的安全保护，在网络中应采用专业的数据安全措施，防范个人隐私数据的泄露。

采取的措施包括：

①对于城市水务防汛决策支持系统采集、收集的某些数据在分析、挖掘、统计类业务或在应用开发测试过程中，如果确实需要使用用户个人信息，利用数据脱敏机制进行敏感信息的隐藏或替换，防止用户真实个人信息泄露。

②在业务平台 DMZ 区的开发测试环境中安置一套数据脱敏系统，为多个业务系统提供一个统一的、可扩展的数据抽取与脱敏平台，用户可以在同一平台下实现针对多个业务系统数据库数据的同时数据抽取与脱敏操作。数据脱敏系统不需要在生产环境中安装任何客户端或者插件，对现有业务系统架构无需任何调整。

数据脱敏系统主要功能如下：

①脱敏数据自动发现。对主流的业务系统提供预配置的脱敏算法以确保数据的私密性。能够针对所有的数据库提供脱敏数据发现功能，能够查询数据库并推荐出哪些数据需要进行脱敏。

②脱敏规则分类管理。系统针对脱敏规则拥有完善的管理功能，包括脱敏算法的分类、分级管理、内置屏蔽算法管理、算法添加管理、算法参数控制管理等。系统内置一些常用的算法，包括确定随机化、模糊化、置空、乱序排列、重复值屏蔽、随机替换、特定规则替换、身份证号、姓名、地址、电话、邮箱等处理个人信息数据算法。

9.3.4.9 移动应用开发安全

1）移动 APP 安全扫描

通过数字孪生平台利用软件对 APP 进行全自动检测，发现安全漏洞，避免静态破解、二次打包、本地数据窃取、交易支付攻击等风险。

安全扫描需围绕多项核心检测模块，风险特征全面，漏洞覆盖范围广，平台通过静态扫描和动态扫描结合的方式能最大程度覆盖应用中潜在的安全漏洞。对恶意代码、敏感权限调用、广告等安全特征进行检测，对可能存在风险隐患的功能调用、系统组件、接口等方面进行安全评估，及时发现潜在风险。

通过安全扫描功能帮助应用系统开发者准确定位漏洞问题代码和安全缺失，规避 APP 在反编译、逆向破解、篡改、应用劫持等方面的威胁攻击，保障用户业务的持续稳定发展。

2）移动 APP 安全加固

针对目前移动应用普遍存在被破解、篡改、盗版、调试、数据窃取等各类安全风险，可通过全面的移动应用加固服务，全方位对应用进行防护，提升应用安全强度。

通过对 APP 剥离敏感函数功能，混淆关键逻辑代码，整体文件深度加密加壳，防止通过 Apk 编译工具（Apktool），.dex 文件与 .jar 文件反编译工具（dex2jar），Java 搜索与限制（JEB）等静态工具来查看应用的 Java 层代码，防止通过专业交互式反汇编器（IDA），Readelf 等工具对共享对象文件（SO）里面的逻辑进行分析，保护原生（native）代码。另外通过开发者签名校验、配置文件校验，防止应用被篡改。并且多重加密技术防止进程附加和代码注入，避免钓鱼攻击、交易劫持、数据修改等调试行为窃取，提高 APP 安全防护能力。

主要包括以下安全防护手段：APP Java 代码防逆向、APP 防篡改、APP 防基础调试 / 注入、APP SO 库保护等。

9.4 云计算安全防护体系

云平台物理环境及基础设施的安全建设均是按照等级保护三级的标准来建设的。由于业主向资源中心申请的为基础设施即服务（IaaS）资源，按照"安全管理责任不变，数据归属关系不变，安全管理标准不变"，作为云平台的租户方，在对业务进行安全建设及规划时，应负责包括网络安全、主机安全、应用安全和数据安全等自身的安全管理工作，并需要根据等级保护 2.0 中，云计算扩展要求对网络安全态势感知平台进行相应的安全规划。其中深圳市政务云平台已经符合等级保护三级要求，已经具备了政务云平台的安全防护能力，按照等级保护的要求除了云平台安全要求用户方应考虑在使用 IaaS 资源下的租户相关安全，并在资源申请前，和云服务方签订相关协议，明确责任范围。云计算环境安全设计如下：

9.4.1　安全物理环境

政务云平台上符合安全物理环境的相关要求,城市水务防汛决策支持系统申请的资源属于 IaaS 资源,对于云平台物理环境、云平台自身的安全均由政务云平台提供。

9.4.2　安全通信网络

对于云计算扩展要求,安全通信网络部分主要关注租户隔离、通信网络隔离、安全防护等。

9.4.3　安全区域边界

9.4.3.1　访问控制

申请政务云平台上虚拟防火墙服务,实现边界安全防护功能,支持以弹性互联网 IP 为防护对象的入侵检测防御(IPS)和网络防计算机病毒(AV)功能。

9.4.3.2　入侵防范

1)虚拟入侵防御系统

针对互联网上常见的漏洞利用攻击、SQL 注入攻击、XSS、缓冲区溢出、DOS/DDOS 攻击等恶意破坏方式,申请政务云平台上的虚拟入侵防御系统,及时发现和阻止从外部网络发起的网络攻击行为,阻断恶意的网络数据包,有效保证网站服务器正常提供服务。

虚拟入侵防御系统采用模式匹配、协议分析、统计分析、流量异常检测、会话关联分析以及防逃逸等技术手段准确识别入侵攻击行为,支持发现并阻断包括溢出攻击类、拒绝服务类、"木马"类、"蠕虫"类、扫描类、网络访问类、HTTP 攻击类、系统漏洞类等网络恶意攻击。

2)抗 DDOS 服务

针对 DDOS 攻击,在政务云安全边界出口处已设置抗 DDOS,为了保证针对 DDOS 流量的全面监测、全面清洗,在具备流量清洗服务的基础上,申请政务云平台上的抗 DDOS 服务,准确检测出来自外部网络的各种混合复杂的 DDOS 攻击,并在不影响正常业务流量情况下对潜在攻击精确识别、实时阻断,既保证合法流量的传输,也减轻出口网关设备的性能压力,保障业务系统的持续性和稳定性。

抗 DDOS 服务可以全面防御半开连接攻击(SYN Flood)、互联网控制消息协议洪水攻击(ICMP Flood)、用户数据报协议洪水攻击(UDP Flood)、地址解析协议洪水攻击(ARP Flood)、域名系统洪水攻击（DNS Flood）、动态主机配置协议洪水攻击（DHCP Flood）、"蓝色炸弹"（WinNuke）、传输控制协议扫描（TcpScan）以及"黑洞挑战"（CC）等常见 DOS/DDOS 攻击行为。

9.4.3.3　安全审计

1）网络安全审计

为了确保在云计算环境下，能够对特定用户的网络访问行为和内容进行更细粒度的审计追踪，在政务云平台上申请虚拟网络审计服务，网络审计可针对多种网络应用协议的监控、还原和审计，例如对通过 HTTP、FTP、SMTP 等方式访问业务系统的用户登录、用户登录 IP 地址、访问时间、访问内容等进行监控和审计。

2）数据库审计

在政务云环境中，同一网段的主机访问的数据库无法以镜像的方式进行审计。为了确保在云计算环境下，能够对数据库操作行为进行细粒度的审计追踪，建议申请政务云平台上的数据库审计服务。数据库审计主要用于监视并记录对数据库服务器的各类操作行为，通过对网络数据的分析，实时、智能地解析对数据库服务器的各种操作，并记入审计数据库中以便日后进行查询、分析、过滤，实现对目标数据库系统的用户操作的监控和审计。

9.4.4　安全计算环境

9.4.4.1　身份鉴别

通过运维区的堡垒机实现用户远程管理云平台中的设备时的双向验证机制，并且针对运维过程进行相应的访问控制和运维过程审计。

9.4.4.2　入侵防范

1）WEB 应用防护服务

详见 9.3.4.4 小节。

2）网页防篡改服务

为了保证业务稳定运行，防止遭受攻击者的篡改，申请政务云平台上的网页防篡改服务，对网站业务流量进行多维度检测和防护，避免源站被黑客恶意攻击和入侵，防止黑客、计算机病毒等对目录中的网页、电子文档、图片、数据库等任何类型的文件进行非法篡改和破坏。

3）主机杀毒服务

详见 9.3.4.4 小节。

9.4.4.3　数据的完整性和保密性

对于系统相关业务服务器和外部的通信，以及外部用户通过政务外网、互联网等不安全网络的通信，申请云平台上的 VPN 服务或通过加密机实现数据传输的保密性和完整性，并采用数字签名技术保证抗抵赖性，可方便地实现应用系统用户的远程安全访问，保证重要、敏感信息在网络传输过程中的完整性和保密性。

9.4.4.4　数据备份恢复

在云平台上，针对业务虚拟机、重要的业务数据等进行定期的备份。

针对业务虚拟机，可通过定期快照的方式保证业务系统的数据安全。在出现业务虚拟机崩溃或服务宕机时，可及时恢复业务。

针对重要的业务数据，应采取定期备份、数据多副本的技术措施。当发生不可预知性灾难时，远程存储设备能够将数据恢复，达到容灾（Disaster Tolerance，DT）的功能。

9.4.5　安全管理中心

建设统一的云平台运维管理系统：对内部可实现机房基础设施、IT 设备、虚拟机、数据库以及上层应用软件等资源进行统一的检测、动态调度和自动控制，支持内部的简单运营，支持跨平台资源迁移和管理调度；对外部可支持各种资源提供自助式的申请和分配，简化运维管理的流程和人工操作，提高云平台的运维效率，降低运行成本。

9.5　大数据安全防护体系

针对系统所使用的数字孪生平台，部署大数据安全防护系统，对大数据环境进行相应的安全防护（图 9-2）。

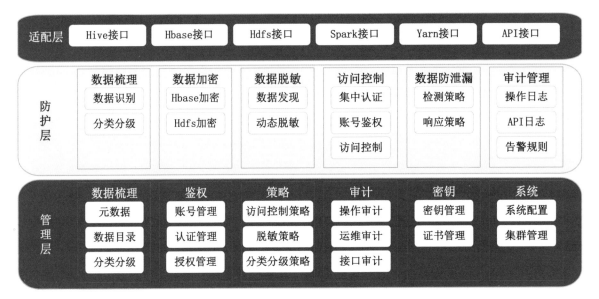

图 9-2 大数据安全防护系统

9.5.1 安全物理环境

系统的业务服务器安置在政务云平台上，其安全物理环境应符合相关的要求。

9.5.2 安全通信网络

承载数字孪生平台的政务云平台应符合等级保护三级的要求。针对服务器、大数据平台的管理，使用单独的带外管理网络以及单独的带外管理 IP 地址进行通信，保证管理流量和业务流量分离。

9.5.3 安全计算环境

为了实现在大数据环境的身份鉴别、数据分级分类、安全访问控制等功能，设置大数据安全防护系统，对大数据平台中的 Hive、Hbase、Hdfs 等大数据数据存储提供安全防护。

大数据安全防护系统主要包含以下功能：

9.5.3.1 数据分类分级

大数据安全防护系统支持敏感数据识别，对进入大数据平台的数据，在经过大数据安全防护系统传输时，进行实时数据识别，并进行数据分类、数据分级。系统内置通用的数据分类规则，也可以根据客户要求配置数据分类、分级的规则。

数据分类：将具有某种共同属性或特征的数据归并在一起，通过其类别的属性或特征来对数据进行区别，并根据分类规则，对访问大数据平台时的输入数据（包括结构化、非结构化数据）进行实时分析，形成分类结果展示报表。

数据分级：根据数据的敏感程度和数据遭到篡改、破坏、泄露或非法利用后对受害者的影响程度，以及数据敏感程度、来源、质量、类型等多个因素，按照一定的原则和方法进行定义，减少敏感数据被错误地访问或泄露的风险，从而提高数据的安全性和合规性。

9.5.3.2　访问控制

大数据安全防护系统针对大数据平台组件（包括 Hive、Hbase、MapReduce、Elasticsearch、Redis、Zookeeper、Solr 等）的使用、管理、应用系统接口调用等访问行为，从账号管理、认证管理、授权管理、日志审计 4 个方面进行访问控制。访问大数据平台的各类人员账号、授权关系和审计日志等应在大数据安全防护中集中管理，首选采用 Kerberos 认证方式，大数据安全防护系统负责进行账号创建，同步至 Kerberos 认证服务器用于进行访问认证。

用户通过业务系统、管理人员对大数据系统的所有操作均由大数据安全防护系统转发给实际大数据系统。大数据安全防护系统会根据数据访问策略对请求进行分析，并根据策略符合情况，采取放行、阻断、审计措施。

9.5.3.3　数据加密

当大量的从其他业务、其他客户环境采集来的数据存储在大数据平台上时，由于敏感数据集中到这个平台，因此这个平台的风险控制成了重中之重。

由于有一些应用场景是数据源用户希望能够使用大数据平台的优势计算资源来支撑自身的数据计算，因此数据源用户也非常重视自身被采集的数据是否在大数据平台中受到严格保护。为了保密性要求，可能还需要保证自身的数据在大数据平台是安全存储的，只有合法用户才能访问到数据，非法用户访问不到数据。基于这种需求，大数据平台本身需要提供一种数据透明加密机制，支持通过 AES、3DES、国密等高强度加密算法，对存储在大数据平台中的非结构化、结构化等形式数据提供安全保障。大数据安全防护系统的数据加密功能需要支持对常用开源大数据平台 Hadoop 中的 Hive、Hbase、Hdfs 支持加密存储，并且需要支持在程序、用户访问大数据中存储的数据时，提供透明解密的能力，从而保证只有合法用户才能访问到敏感数据。

9.5.3.4 动态数据脱敏

大数据平台中一个关键的应用是通过对大量的敏感度不高的数据进行挖掘、分析之后形成有价值的、敏感度较高的数据，并以 REST、JDBC、Thrift 等协议提供给其他组件、用户、应用调用。

从敏感数据安全保护的视角分析，首先对敏感数据访问进行用户鉴权才能提供访问；其次需要提供对敏感数据的细粒度脱敏，最小粒度应为字段级别，从而可保证用户按需、按权限才能访问到特定的数据；最后其他的数据应变换成非敏感数据，也就是数据脱敏。

大数据安全防护系统提供的数据脱敏功能是动态脱敏，是根据访问用户需求、权限的不同，返回不同的数据。动态脱敏功能可以通过内置的敏感字段库自动发现要脱敏的数据，并且内置大量的脱敏算法，用户使用时，仅通过界面即可完成脱敏算法、脱敏规则、脱敏任务配置及任务执行等。

大数据安全防护系统支持对 SQL 和非 SQL 的动态脱敏。

动态脱敏适用于运维人员访问大数据资源或应用系统访问大数据资源时，在数据展示过程中，应通过动态数据脱敏对展示的数据进行脱敏。

针对敏感数据的访问来源（IP、端口号、账号、查询条件等），采用不同的访问策略，利用内置的丰富的脱敏算法、脱敏规则以及敏感数据域，灵活实现差异化的脱敏。

9.5.3.5 数据防泄漏

对从大数据平台输出的结构化、非结构化数据，根据预置的泄漏防护规则，基于关键字、正则表达式识别数据内容，采取泄漏阻断、泄漏审计措施。

9.5.3.6 访问行为审计

通过大数据安全防护系统可支持用户在大数据平台中记录数据访问日志、数据安全日志、用户登录日志、用户操作日志、平台服务日志、非法访问日志、边界访问日志等。

大数据安全防护系统可通过代理的方式实现对所有的针对大数据平台的操作进行日志记录，并通过高危预警、行为基线，对可能存在高危访问、异常行为进行审计。

1）高危预警

根据高权限角色进行删除库、表、数据等操作，操作权限角色进行修改、复制、提取，普通权限用户越权访问、提权等操作行为，定义一些高危执行规则，根据实时采集、分析的日志内容进行匹配，当匹配到动作与预置的高危规则一致时，判定为高危行为，进行预警。

2）行为基线

系统通过自学习周期，学习到当前用户、应用访问大数据平台的行为，并进行日志审计记录。通过人工判断，建立白名单机制的行为基线。当新产生的访问行为日志符合行为基线时，仅进行日志记录或者忽略；当新产生的访问行为日志不符合行为基线时，进行异常行为记录。

9.5.4 数据安全保障体系建设

9.5.4.1 数据安全治理评估

区别于传统的、基于合规要求的网络安全建设过程，数据安全技防体系的建设应建立在事实依据基础上，方能针对系统最核心的风险去采用合理的技防措施及配置加以解决。

开展数据风险发现过程——数据安全治理评估（图9-3）。

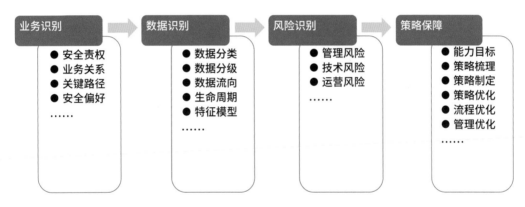

图9-3 数据安全治理评估过程

由于数据安全管理的复杂性，应通过系统化的数据安全技术风险的发现过程，对业务及数据使用的现状加以调研、分析，才能有针对性地确定数据安全的防护策略。

9.5.4.2 数据安全组织结构建设

1）组织架构

数据安全管理是一个复合型、需多方联动型的工作，在开展组织架构建设时，需要考虑组织层面实体的管理团队及执行团队，同时也要考虑虚拟的联动小组，所有部门均需要参与到安全建设当中。

2）信息安全领导机构

信息安全管理体系建设工作领导小组、技术管理层和应急处置小组为测评中心信息安全领导机构。

信息安全管理体系建设工作领导小组负责以下工作：

①审议信息安全总体方针政策；

②为信息安全管理提供资源保障；

③审批信息安全管理制度。

技术管理层负责：

①审议信息安全风险报告和处理计划；

②研究决定与信息安全管理体系相关的技术事项。

应急处置小组负责：

网络与信息安全突发事件的预防和应对工作。

3）信息安全管理机构

信息安全管理机构负责以下工作：

①起草和修订信息安全管理制度；

②组织处理信息安全事件；

③起草信息安全风险报告；

④起草信息安全规划、预算和重要工作计划；

⑤报告信息安全工作进展；

⑥组织信息安全意识培训；

⑦落实信息化管理部信息安全控制措施的执行工作；

⑧协调信息安全管理与各部门之间的工作；

⑨落实各部门信息安全工作；

⑩组织信息安全管理体系建设工作领导小组会议和决策事宜。

4）信息安全执行机构

各部门为信息安全执行机构，负责以下工作：

①各部门领导参与评议信息安全相关的管理制度和各项控制措施；

②各部门领导落实本部门信息安全控制措施的执行工作；

③各部门领导落实本部门信息安全宣导工作；

④安全员提出信息安全需求和报告信息安全事态；

⑤各部门领导及安全员协同处理信息安全事件。

9.5.4.3 数据安全管理制度建设

1）管理体系建设

数据安全不仅是系统的需求，也是国家安全的要求。对数据安全的保护，特别是个人信息和重要数据的保护，是满足网络安全态势感知平台业务需求和国家安全要求的重要信息安全组成部分之一。

数据安全防护的规范体系一般会从业务数据安全需求、数据安全风险控制需要及法律法规合规性要求等几个方面进行梳理，最终确定数据安全防护的目标、管理策略及具体的标准、规范、程序等（图9-4）。

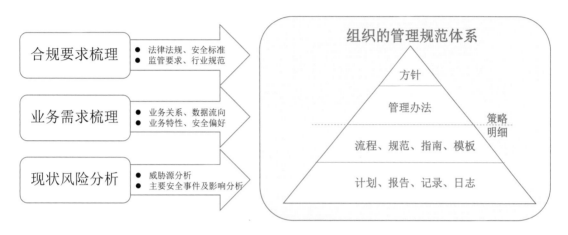

图9-4 数据安全管理体系建设过程

一般情况下，数据安全管理规范体系文件可分为四个层级（图9-5）：

一级文件是由管理层根据一级管理要求制定通用的管理办法、制度及标准。

二级文件作为上层的管理要求，应具备科学性、合理性、完善性及普遍的适用性。

三级文件一般由管理层、执行层根据二级文件确定各业务、各环节的具体操作指南、规范。

四级文件属于辅助文件，一般包括操作程序、工作计划、资产清单、过程记录等过程性文档。

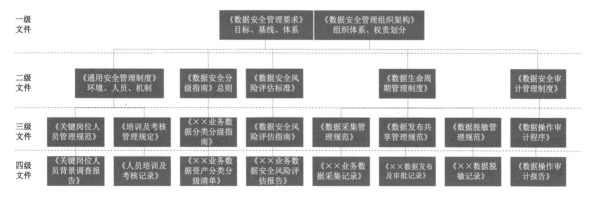

图9-5 数据安全管理文件大纲

2）数据安全分级指南

（1）数据安全分级原则

数据安全分级以数据资产的重要性、敏感性和遭受破坏后的损害程度为依据，遵循分级层次合理、界限清晰、数据安全防护策略合理为原则。

①科学性：按照数据资产的多维特征及其相互间客观存在的逻辑关联进行科学和系统化的分级。

②稳定性：数据的安全分级应以数据目录中的各种数据安全分级方法为基础，并以数据最稳定的特征和属性为依据制订分类方案、以数据的安全属性遭破坏后的损害程度制订分级方案。

③实用性：数据资产的安全分级要确保其结果能够为数据的应用、共享、开放过程中的数据安全策略制定提供有效决策依据。

④扩展性：数据安全分级方案在总体上应具有概括性和包容性，能够实现各种类型数据的安全分级，分类能够满足将来可能出现的数据类型，分级能够概括各类数据安全影响程度。

（2）数据安全分级模型

为了保证数据安全分类分级结果合理、可靠，需要确定清晰的数据安全分类分级方法，提出数据安全分类分级模型。数据分类分级模型可以划分为合规分类、安全分级和生命周期三个维度（图9-6）。

在数据合规分类方面，从安全角度对数据进行分类，将数据划分为安全保障数据、个人或法人信息数据、其他业务数据3个类别。

在数据安全分级方面，由低到高划分为一级、二级、三级3个级别。

各系统安全建设责任方应对其拥有、管理、持有、使用的全部存量数据及时开展数据分类分级评估工作；新增数据应在数据的产生阶段即完成数据的分类分级；已分类分级数据应采用数据资产分类分级清单、数据标识标签等方式，对分类分级结果加以记录及固定，并对数据采取符合其类别及级别保护要求的措施加以保护；未分类分级数据以"安全保障数据"为默认类别，以"二级"为默认级别，并采取相应的保护要求的措施加以保护。

数据的合规分类、安全分级结果应在数据的采集、传输、存储、处理、交换及销毁等全生命周期阶段持续有效，不随数据的所有者、管理者及使用者的变更而改变。数据经过脱敏、转化、处理、分析、演化等过程产生的结果数据，应视为新数据的产生过程，并参照数据分类分级方法定类、定级，其源数据的类别及级别应作为主要参考依据。

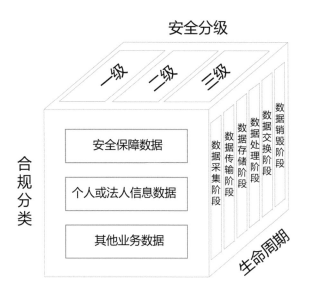

图 9-6　数据安全分级模型

（3）数据安全级别的动态调整原则

由于数据的动态性特征，数据的安全级别并非一成不变。在数据安全级别确定时，应遵循动态调整原则。当数据量、数据价值、影响范围等安全特征出现明显改变时，例如数据大量汇聚、数据规模成倍增长或减少一半、数据价值成倍增高或降低一半、数据影响范围成倍扩大或缩小一半、数据时效性变化等情况，应对数据安全级别进行重新确定。

具有时效性的数据，在数据分级过程中应明确时效范围，并分别对时效范围内和超出时效范围的数据进行定级。安全级别不同时，应参照各自的安全级别隔离保护，或者参照较高安全级别实施保护。

同时，个人信息数据定级过程中，应将个人信息数据主体的敏感度作为主要参考依据，敏感个人信息的数据应较普通个人信息数据具有更高的安全级别。

数据安全级别发生变更后，应按调整后级别及时调整保护措施，无法及时调整的应参照较高安全级别实施保护。

（4）数据安全分级整体过程。

数据安全分级整体过程如图 9-7 所示。

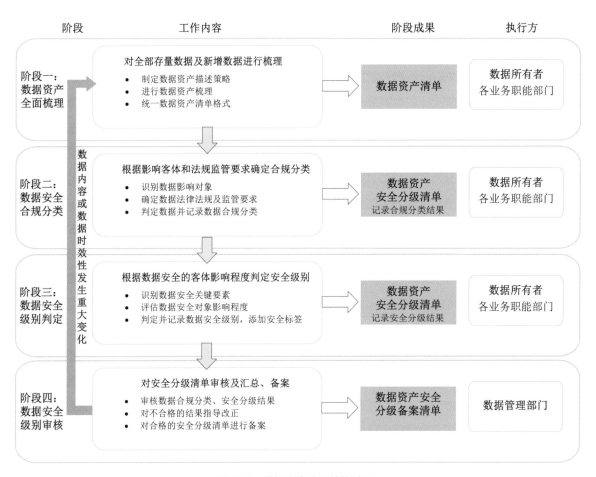

图 9-7　数据安全分级整体过程

3) 数据合规分类策略

（1）合规分类依据

在数据合规分类中，对系统应用过程中涉及的全部数据进行合规分类，可按照数据的监管合规需求及影响对象类型进行划分，具体分为三种类别（图9-8）。

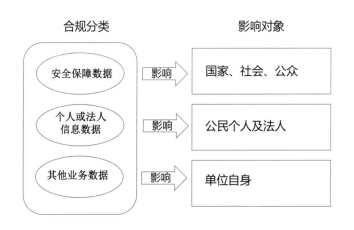

图 9-8　数据合规分类影响关系

①安全保障类数据：参照国家互联网信息办公室《数据安全管理办法》，安全保障类数据属于国家重要数据范畴，是指一旦泄露可能直接影响国家安全、经济安全、社会稳定、公共健康和安全的数据，比如未公开的政府信息，大面积人口、基因健康、地理、矿产资源等。安全保障类数据一般不包括平台普通生产、经营、内部管理数据及个人信息数据等。

②个人或法人信息数据：参照国家互联网信息办公室《数据安全管理办法》，个人信息数据是指与公司生产、经营、管理活动相关的公民个人、企业单位法人及其他组织的各种信息，以电子或者其他方式记录的能够单独或者与其他信息结合识别个人身份或企业单位特征，能够反映特定自然人活动及企业单位经营情况的各种信息。其中，中心内部员工及外部企业单位员工的个人信息也视为个人信息数据，按照等同的原则进行保护。

③其他业务数据：平台生产、经营、管理、事物处理等活动中产生的可存储数据，不包含安全保障类数据和个人或法人信息数据。

数据合规分类结果，仅用于数据安全合规保护要求的判定，仍属于数据安全分类范畴，不涉及基于业务视角数据的分类。

（2）合规分类过程

各系统安全建设责任方应在新数据产生及数据资产目录修订时，同步开展数据合规分类工作。为了防止出现分类重复或交叉的情况，可以按照图 9-9 的流程对数据进行合规分类。

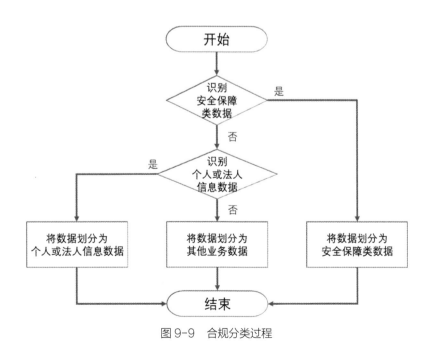

图 9-9　合规分类过程

（3）合规分类识别策略

识别安全保障类数据：这属于国家重要数据范畴，主要包含网络与信息安全管理相关的数据。例如：网络与信息安全管理数据，包括网络安全预警监测信息、系统及数据访问操作日志、安全审计记录、网络安全应急预案、违法有害信息监测处置相关数据、用户访问互联网日志数据、用户计费数据和上网记录等个人通信数据；应急通信数据，包括应急通信系统规划、建设、运行相关信息等；应急通信事件分级信息和应急预案，重大活动行动方案、保障预案信息、应急通信装备物资储备、保障队伍部署等。

安全保障类数据一旦未经授权披露、丢失、滥用、篡改或销毁，将会造成以下后果：

①危害国家安全、国防利益、破坏国际关系；

②损害国家财产、公共利益和公民生命财产安全；

③影响国家预防和打击经济与军事间谍、政治渗透、有组织犯罪等；

④影响行政机关依法调查处理违法、渎职或涉嫌违法、渎职的行为；

⑤干扰政府部门依法开展监督、管理、检查、审计等行政活动，妨碍政府部门履行职责；

⑥危害国家关键基础设施、关键信息基础设施、政府信息系统安全；

⑦扰乱市场秩序，造成不公平竞争，破坏市场规律，影响产业发展；

⑧可推论出国家秘密事项；

⑨损害国家、企业、个人的其他利益和声誉，影响国家实力、形象或降低影响力；

⑩影响或危害经济、文化、科技、资源等其他国家安全事项。

识别个人信息、法人和其他组织数据。

个人信息（表9-1）：首先，判定某项信息是否属于个人信息。应考虑以下两种情况：一是识别，即从信息到个人，由信息本身的特殊性识别出特定自然人，个人信息应有助于识别出特定个人；二是关联，即从个人到信息，比如已知特定自然人，则由该特定自然人在其活动中产生的信息（例如个人位置信息、个人通话记录、个人浏览记录等）即为个人信息。符合上述两种情况之一的信息，均应判定为个人信息（表9-2）。其次，判定个人敏感信息。个人敏感信息是指一旦泄露、非法提供或滥用可能危害人身和财产安全，极易导致个人名誉、身心健康受到损害或歧视性待遇等的个人信息。通常情况下，14岁以下（含）儿童的个人信息和自然人的隐私信息属于个人敏感信息，可从以下角度判定是否属于个人敏感信息：

泄露：个人信息一旦泄露，将导致个人信息主体及收集、使用个人信息的组织和机构丧失对个人信息的控制能力，造成个人信息扩散范围和用途的不可控。某些个人信息在泄露后，被以违背个人信息主体意愿的方式直接使用或与其他信息进行关联分析，可能对个人信息主体权益带来重大风险，应判定为个人敏感信息。例如，个人信息主体的身份证复印件被他人用于手机号卡实名登记、银行账户开户办卡等。

表 9-1　个人信息示例

个人信息类型	个人信息举例
个人基本资料	姓名、生日、性别、民族、国籍、家庭关系、住址、电话号码、电子邮箱等
个人身份信息	身份证、军官证、护照、驾驶证、工作证、出入证、社保卡、居住证等
个人生物识别信息	基因、指纹、声纹、掌纹、耳郭、虹膜、面部特征等
网络身份标识信息	个人信息主体账号、IP 地址、个人数字证书等
个人健康生理信息	因生病医治等产生的相关记录，例如病症、住院病历、医嘱单、检验报告、 手术及麻醉记录、护理记录、用药记录、药物食物过敏信息、生育信息、既往病史、诊治情况、家族病史、现病史、传染病史等，以及与个人身体健康状况相关的信息，例如体重、身高、肺活量等
个人教育工作信息	职业、职位、工作单位、学历、学位、教育经历、工作经历、培训记录、成绩单等
个人财产信息	银行账户、鉴别信息（口令）、存款信息（包括资金数量、支付收款记录等）、房产信息、信贷记录、征信信息、交易和消费记录、流水记录等，以及虚拟货币、虚拟交易、游戏类兑换码等虚拟财产信息
个人通信信息	通信记录和内容、短信、彩信、电子邮件，以及描述个人通信的数据（通常称为元数据）等
联系人信息	通信录、好友列表、群列表、电子邮件地址列表等
个人上网记录	通过日志储存的个人信息主体操作记录，包括网站浏览记录、软件使用记 录、点击记录、收藏列表等
个人常用设备信息	包括硬件序列号、设备 MAC 地址、软件列表、唯一设备识别码等在内的描述个人常用设备基本情况的信息
个人位置信息	包括行踪轨迹、精准定位信息、住宿信息、经纬度等
其他信息	婚史、宗教信仰、未公开的违法犯罪记录等

非法提供：某些个人信息仅因在个人信息主体授权同意范围外扩散，即可对个人信息主体权益带来重大风险，应判定为个人敏感信息，如存款信息、传染病史等。

滥用：某些个人信息在被超出授权合理界限时使用（例如变更处理目的、扩大处理范围等），可能对个人信息主体权益带来重大风险，应判定为个人敏感信息。例如，在未取得个人信息主体授权时，将健康信息用于保险公司营销和确定个体保费高低。

表 9-2　个人敏感信息示例

个人敏感信息类型	个人敏感信息举例
个人财产信息	银行账户、鉴别信息（口令）、存款信息（包括资金数量、支付收款记录等）、 房产信息、信贷记录、征信信息、交易和消费记录、流水记录等，以及虚拟货币、虚拟交易、游戏类兑换码等虚拟财产信息
个人健康生理信息	个人因生病医治等产生的相关记录，例如病症、住院病历、医嘱单、检验报告、 手术及麻醉记录、护理记录、用药记录、药物食物过敏信息、生育信息、 既往病史、诊治情况、家族病史、现病史、传染病史等
个人生物识别信息	个人基因、指纹、声纹、掌纹、耳郭、虹膜、面部识别特征等
个人身份信息	身份证、军官证、护照、驾驶证、工作证、社保卡、居住证等
其他信息	婚史、宗教信仰、未公开的违法犯罪记录、通信记录和内容、通信录、好友列表、群列表、行踪轨迹、网页浏览记录、住宿信息、精准 定位信息等

法人和其他组织数据：法人和其他组织数据是指能够标识特定法人和其他组织数据特征，反映特定法人和其他组织数据生产经营活动状况及商业秘密的数据。

识别业务数据。

除重要数据及个人信息数据外，其他数据均视为业务数据。

（4）合规分类结果

数据合规分类过程中应遵循穷尽性原则，系统所有数据应全部对应到三个分类中（图9-10）。数据识别结果分为安全保障数据、个人或法人信息数据、其他业务数据三类。其中，安全保障数据参照国家重要数据保护相关要求进行保护，个人或法人信息数据参照国家个人信息及企业数据保护相关要求进行保护。同属于重要数据和个人信息数据的，其类别归为安全保障数据，其保护应同时参照国家重要数据保护相关要求及国家个人信息及企业数据保护相关要求。

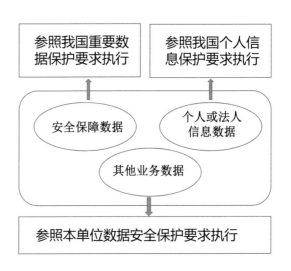

图 9-10　数据合规分类结果保护关系

（5）合规分类示例

本项目系统其核心数据为监测数据、业务数据，其大多数数据为安全保障数据类别，含有少量个人信息数据和普通业务数据。参考《重要数据识别指南》和《个人信息安全规范》在合规分类维度上细分两级分类（表9-3）。

表9-3 信息合规分类

一级分类	二级分类	示例（包括但不限于）
安全保障数据	系统用户资料信息	用户名、密码、工号、类型、姓名、机构、证件、联系方式等
安全保障数据	IP 地址数据	IP 地址、分配方式、子网掩码
安全保障数据	应急物资数据	物资名称、物资编号、用途描述、储存方式、规格型号、物资数量
安全保障数据	业务基础数据	重点保护网站数据、网站备案数据、IP 基础资源数据、内网区域信息
安全保障数据	应急保障队伍数据	队伍成员、应急专家、成员联系方式、专长、所属单位
安全保障数据	设备及软件配置数据	节点配置、网络配置、用户配置、接口配置、消息配置、报表配置等相关数据
安全保障数据	系统日志	日志标题、日志内容、日志结果、请求人地址、请求方法、登录时间、登录次数
个人或法人信息数据	敏感个人数据	专家、领导等联系电话、住址
个人或法人信息数据	普通个人数据	姓名、电话、邮箱、住址
其他业务数据	其他业务内容数据	html 内容、文本内容、名称、路径、目录、标题、分类、提交、发送、修改、审核人等
其他业务数据	一般业务数据	日期、时间、位置、数据状态、标识、地理位置、备注、描述、文件大小、附件、版本、说明
其他业务数据	编号编码数据	组织或单位编号、编码、序号、ID

4）数据安全分级策略

（1）数据安全影响程度的定义

为了准确判断数据安全级别，请按表9-4定义的内容判断数据安全影响程度。

表 9-4 数据安全影响程度的定义

序号	程度	定义
1	轻微影响	对数据资产价值、依赖数据的业务、数据主体（个人、企业、组织及公司等）、国家及社会秩序造成一定干扰，其造成结果可自行恢复或容易补救。 例如业务效率短时间下降、任务进度可接受程度的推迟等
2	一般影响	对数据资产价值、依赖数据的业务、数据主体（个人、企业、组织及公司等）、国家及社会秩序造成一定损害，其造成结果不可逆，但可以采取一些措施降低损失、消除影响。 例如企业或个人财产损失、公司形象损失等
3	严重影响	对数据资产价值、依赖数据的业务、数据主体（个人、企业、组织及公司等）、国家及社会秩序造成较严重破坏，其造成结果不可逆，虽可采取一些措施挽救，但难度较大、成本较高。 例如任务失败、人身伤害、企业破产、公司形象严重损失等
4	特别严重影响	对数据资产价值、依赖数据的业务、数据主体（个人、企业、组织及公司等）、国家及社会秩序造成较特别严重破坏，其造成结果不可逆且破坏性巨大，其影响一般是全局性、战略性的。 例如危害人身生命安全，造成公司形象特别严重损失、国家政治经济利益等巨大损失等

（2）数据安全级别判断标准

基于表 9-5 规定的内容，判定数据安全级别。假设被判定数据的保密性、完整性及可用性遭到破坏，判断损害结果对相应客体造成的损害程度。须同时对经济损失、网络安全态势感知平台整体业务（非局部业务）、人身伤害、国家社会等影响程度进行判断，以其中较高的损害确定数据的安全级别。

表 9-5 数据安全级别判断标准

级别	敏感度	损害结果			
		经济损失	整体业务影响	人身伤害	国家社会影响
一级	低敏感	轻微损失	轻微影响，短时间中断	无伤害	轻微影响
二级	敏感	一般或严重损失	一般或严重影响，较长时间中断	轻微或一般伤害	轻微或一般影响
三级	敏感	特别严重损失	特别严重影响，长时间中断或无法恢复	严重或特别严重伤害	严重影响及特别严重影响

（3）数据类别与级别对应关系

在数据安全级别判定时，应考虑数据的合规分类因素（表9-6）。其中，安全保障数据、个人或法人信息数据最低为二级。

表9-6　数据安全类别与级别对应关系

类别	一级	二级	三级
安全保障数据	—	轻微影响或一般影响	严重影响或特别严重影响
个人或法人信息数据	—	单条客户一般数据	单条客户敏感数据、单条敏感客户一般数据，或者总量规模较大的客户一般数据的集合
其他业务数据	轻微影响	一般影响或严重影响	特别严重影响

（4）数据安全级别与共享开放

不同级别数据，请按表9-7的导入导出及开放共享管理原则进行管理。

表9-7　数据导入导出及共享开放原则

级别	管理原则		
	导入导出	共享	开放
一级	允许，有管控	允许，基于数据共享目录无条件共享	允许，经中心审批开放
二级	允许，严格控制，不允许批量导出	允许，通过中数据中心有条件共享，经中心审批	允许，经中心审批并脱敏降级后开放，执法及审查特殊情况可不脱敏
三级	不适用，原则上不允许导出	不适用，原则上不可共享，确有需要须审批	不适用，禁止开放

（5）安全级别判定

安全级别判定需结合各字段自身重要性及其所在数据表的重要性和数据价值综合进行判定，判定过程中结合数据安全影响程度定义、数据安全级别判断标准、数据类别与级别对应关系、数据安全级别与共享开放对比关系为字段定级。应以合规类别为牵引，对不同的两级合规分类所定义的安全级别见表9-8。

表 9-8　安全级别定义

一级分类	二级分类	分级	类别权值	级别分值
安全保障数据	网络威胁、攻击数据	三级	10	5
安全保障数据	事件、情报、画像、漏洞数据	三级	10	5
安全保障数据	资产数据	三级	10	5
安全保障数据	网络安全预警监测信息	三级	10	5
安全保障数据	网络流量数据	二级	7	3
安全保障数据	系统用户资料信息	二级	7	3
安全保障数据	IP 地址数据	二级	7	3
安全保障数据	网络安全应急预案数据	二级	7	3
安全保障数据	网络安全应急演练数据	二级	7	3
安全保障数据	应急物资数据	二级	7	3
安全保障数据	业务基础数据	二级	5	3
安全保障数据	应急保障队伍数据	二级	5	3
安全保障数据	任务数据	二级	5	3
安全保障数据	统计分析类数据	二级	5	3
安全保障数据	设备及软件配置数据	二级	5	3
安全保障数据	系统日志	二级	5	3
安全保障数据	单位名称信息	二级	5	3
个人或法人信息数据	敏感个人数据	三级	10	5
个人或法人信息数据	普通个人数据	二级	5	3
其他业务数据	其他业务内容数据	二级	5	3
其他业务数据	一般业务数据	一级	3	1
其他业务数据	编号编码数据	一级	1	1

数据表为字段的集合，其安全级别取决于所在数据字段集中最高字段的级别，从而实施对应安全级别的防护。数据表的关键性影响程度可通过加权平均法计算得到，从而可直观体现数据表的字段集合中重要字段的占比，反映整体数据表的关键性影响程度，同时可为用户数据表级别修订提供参考依据。

①数据表等级：

$y = max(x_1, x_2, x_3, \cdots\cdots, x_n)$，$x_i$ 为表内第 i 个字段的等级分值，n 为表内字段总数。

②数据表关键性影响程度：

$$\overline{y} = \frac{\sum_{i=1}^{n} x_i \times \beta_i}{\sum_{i=1}^{n} \beta_i}$$，n 为表内字段总数，x_i 为表内第 i 个字段的等级分值，β_i 为表内第 i 个字段的类别权值分数。

5）数据安全人员管理

人是数据安全建设中最重要的因素之一，一切数据安全管理规范、技术措施都是以人为基础的。加强对人员的教育往往能解决管理及技术手段无法解决的问题。人员的教育培训应从全员教育、制度宣传贯彻及专业人员培训认证等多个层面进行。

9.5.4.4 数据安全技术防护策略

1）数据安全防护技术

（1）数据库安全网关

数据库安全网关能够按照 SQL 操作类型，包括查询（Select）、插入（Insert）、更新（Update）、删除（Delete）进行权限控制，也可以根据对象拥有者进行权限控制，以及支持基于表、视图对象、列的权限控制。同时能够实现主动监控数据库活动，防止未授权的数据库访问、权限或角色升级，以及对敏感数据的非法访问等。同时支持黑白名单的访问控制，能够以 IP 地址、用户、应用程序、时间段为授权单位，进行访问控制。

（2）数据库审计

数据库审计系统通过数据库协议自动识别技术，结合审计策略，可对国际、国内、NoSQL 等 20 多种数据库协议进行全面审计，支持 Oracle、SQL Server、DB2、Informix、Sybase、MySQL、MariaDB 等主流数据库审计，支持 PostgreSQL、GuassDB、HANA、greenplum、librA、graphbase、Teradata、人大金仓（Kingbase）、达梦（DM）、南大通用数据库（Gbase）、Oscar、Redis 审计，支持 MongoDB、Hbase、Hive、impala、Elastic Search、HDFS、Canssandra、LibrA、graphbase、cache 等数据库审计，支持主流业务协议 HTTP、HTTPS、Telnet、FTP 的审计。通过对双向数据报文的识别、解析，不仅解析出基本的五元组信息、基本的数据库协议要素，还可根据业务要求进行更细粒度的 SQL 解析。数据库审计应能对基于 WEB 应用架构的业务系统进行 WEB 审计和数据库审计，提取业务系统的应用账号、请求地址等信息，并将 WEB 事件和数据库事件进行关联，进而精确定位每个 SQL 操作的源用户，达到实名化审计。

（3）数据库安全扫描

数据库系统中也包含不少可以非常容易地被黑客利用的漏洞。一旦遭到攻击，攻击者可能以 DBA 的身份进入数据库系统，也可能进入操作系统，下载整个数据库文件。为了保护数据库的安全、检测出数据库的漏洞，来保证数据库系统资料的机密性和完整性，也有必要通过数据库安全扫描技术，针对主流数据库（Oracle、MS SQL Server）系统进行自动化的检测，以发现数据库中存在的安全风险，并提供可能的修复指导，从而实现对数据库进行检测和安全性评估。

（4）数据脱敏

数据脱敏技术包含数据静态脱敏及动态脱敏。原始数据经过脱敏，可保护其免遭泄露。脱敏后数据可使用在安全性相对低的环境，且降低了数据操作对环境的要求，提高灵活性的同时也降低了数据保护成本。

数据静态脱敏一般针对数据库到数据库的应用环境，将敏感的生产数据库的全部或部分数据脱敏后存储到测试开发环境、分析环境中。如图 9-11 所示，数据静态脱敏可选择可逆与不可逆两种工作模式。

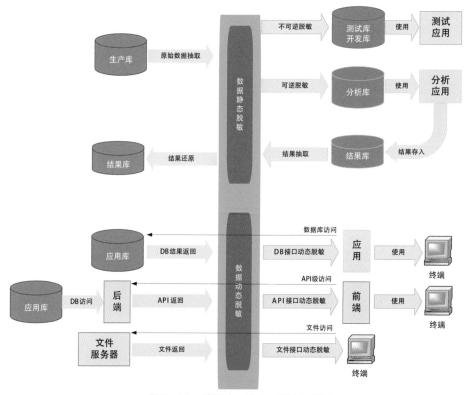

图 9-11　数据动、静态脱敏应用场景

在网络安全态势感知平台中不需要较强的数据关联的业务环境下，如测试开发环境，可采用不可逆模式，保证脱敏后数据集无法还原为原始数据。在数据分析等业务环境下，则多使用可逆的脱敏方式。数据所有者可通过还原过程，将脱敏后的分析结果还原为真实数据。但数据的管理人员、分析人员无法获得真实数据，这降低了管理风险。

数据动态脱敏多用在数据的应用环境，在数据的使用过程中对数据加以脱敏。如图9-11所示，动态脱敏一般可针对直接的数据库访问、API级访问及文件访问过程。

2）数据安全防护措施

不同安全级别的数据，可参照表9-9数据安全保护措施进行数据安全应用执行。具体保护要求及措施，请参照国家相关法律、法规、标准及测评中心相关管理制度、规范、标准执行。

表9-9　数据安全保护措施

数据生命周期阶段	应用场景	一级数据	二级数据	三级数据
数据采集场景	共享数据	日志记录	日志记录、定期人工审计	日志记录、定期人工审计；完整性校验
	前端感知设备采集	日志记录，身份认证	日志记录、定期人工审计，双因素身份认证，传输加密（国密算法）	日志记录、定期人工审计，双向双因素身份认证，完整性校验，防泄漏监控，传输加密（国密算法）
数据传输场景	系统间传输	日志记录，身份认证	日志记录，身份认证，TCP可靠传输，数据防泄漏，传输加密（国密算法）	日志记录，身份认证，TCP可靠传输，数据防泄漏，传输加密（国密算法）
数据存储场景	大数据存储	大数据审计，定期备份，分类分级标签	隔离存储，大数据审计，定期备份，分类分级标签	隔离存储，大数据审计，存储加密（低频使用），每天备份，异地容灾，分类分级标签
	传统数据库存储	定期备份，数据库审计，分类分级标签	隔离存储，数据库审计，数据库扫描，定期备份，分类分级标签	隔离存储，数据库审计，存储加密（低频使用），数据库扫描，每天备份，异地容灾，分类分级标签
	介质存储	介质标记，行为审计	介质标记，行为审计，存储加密	介质标记，行为审计，存储加密

数据生命周期阶段	应用场景	一级数据	二级数据	三级数据
数据处理场景	数据分析	终端安全管理，终端防病毒	终端安全管理，终端防计算机病毒，专机专用，终端防泄漏，数据脱敏	终端安全管理，终端防计算机病毒，专机专用，终端防泄漏，数据脱敏
	数据运维	终端安全管理，终端防病毒，运维审计	终端安全管理，终端防计算机病毒，运维审计，数据访问控制，专机专用，移动介质管理，数据防泄漏	终端安全管理，终端防计算机病毒，运维审计，数据访问控制，专机专用，移动介质管理，数据防泄漏，禁止远程操作，双人共管
	数据开发测试	终端安全管理，终端防计算机病毒	终端安全管理，终端防计算机病毒，专机专用，数据脱敏，数据防泄漏，屏幕水印	终端安全管理，终端防计算机病毒，专机专用，数据脱敏，数据防泄漏，屏幕水印
数据交换场景	系统间共享交换	数据审计，身份认证，接口安全防护	数据审计，定期人工审计，双因素身份认证，接口安全防护	数据审计，定期人工审计，双向双因素身份认证，接口安全防护
	离线数据交换	身份认证，移动介质管理	身份认证，数据防泄漏，移动介质管理，数据脱敏，安全隔离交换	身份认证，数据防泄漏，移动介质管理，数据脱敏，严禁数据交换
数据销毁场景	数据销毁	管理制度	管理制度，操作规程，二次认定	管理制度，操作规程，二次认定
	介质销毁	管理制度	管理制度，操作规程，二次认定	管理制度，操作规程，二次认定

3）场景化数据安全防护

（1）数据采集场景

系统的数据采集方式主要分为前端感知设备和共享两种。其关键是能够识别数据采集过程中的关键数据，在采集阶段就完成分类分级，针对不同级别的数据实现差异化的防护。

在采集阶段就完成数据分类分级，实现数据资产管理（数据分类分级工具），实现数据采集内容审计（系统自身日志、数据库审计、大数据安全防护系统、数据防泄漏系统）。

①共享数据场景分级防护：

一级数据：对全部访问进行记录及定期审计（数据库审计）。

二级数据：对全部访问及重要操作行为进行记录及定期审计分析（数据库审计）。

三级数据：对全部操作行为进行记录及实时分析，定期进行人工审计（数据库审计）；对采集前置机进行数据防泄漏监控（数据防泄漏）；为了防止收集和获取到的数据泄露与被篡改，需要采取数字签名等技术手段或管控措施，并进行完整性和一致性校验（系统本体实现）。

②前端感知设备采集场景分级防护：

一级数据：对全部访问进行记录及定期审计（数据库审计）；对数据源进行认证，对各个采集终端进行身份认证（系统本体实现）。

二级数据：对全部访问进行记录及定期审计（数据库审计）；对数据源进行认证，对各个采集终端进行双因素身份认证（系统本体实现）；为了防止数据泄露，需要进行加密，应严格采用国密算法对数据进行加密（系统本体实现）。

三级数据：对全部操作行为进行记录及实时分析，定期进行人工审计（数据库审计、安全管理）；对数据源进行认证，对各个采集终端进行双向双因素身份认证（系统本体实现）；为了防止数据泄露，需要进行加密，应严格采用国密算法对数据进行加密（系统本体实现）；为了防止收集和获取到的数据泄露与被篡改，需要采取数字签名等技术手段或管控措施，并进行完整性和一致性校验（系统本体实现）。

（2）数据传输场景

传输阶段现阶段核心是需要做好前端到平台之间的传输安全防护，应重点考虑其过程中的身份鉴权和加密保护措施。

一级数据：建立相应的数据传输安全策略和规程以及数据传输接口安全管理工作规范，构建数据传输通道前对源端进身份鉴别和认证的能力（系统本体实现），应对数据传输进行行为记录及审计（网络审计、数据库审计、大数据安全防护系统、系统本体实现）。

二级数据：建立相应的数据传输安全策略和规程以及数据传输接口安全管理工作规范，构建数据传输通道前对源端进身份鉴别和认证的能力（系统本体实现），应对数据传输进行行为记录及审计（网络审计、系统本体实现），业务系统应采用可靠的TCP协议实现重传机制，不应采用UDP等不可靠协议（系统本体实现），数据传输过程中应使用国密算法和协议进行加密后传输（系统本体实现、密码服务平台）。

三级数据：建立相应的数据传输安全策略和规程以及数据传输接口安全管理工作规范，构建数据传输通道前对源端进身份鉴别和认证的能力（系统本体实现），应对数据传输进行行为记录及审计（网络审计、系统本体实现），业务系统应采用可靠的TCP协议实现重传机制，不应采用UDP等不可靠协议（系统本体实现），数据传输过程中应使用国密算法和协议进行加密后传输（系统本体实现、密码服务平台）。

（3）数据存储场景

主要是指在数字孪生平台业务中涉及的大数据存储、传统数据库存储、介质存储等场景。在这个阶段，应根据数据的级别而进行针对性的安全防护手段设计，针对三级重要数据应考虑与其他一级、二级数据的逻辑隔离存储手段来保障其差异化防护的实施效果。无法做到隔离的场景,应以数据集合中最高级别的数据防护要求进行防护。

①大数据存储场景分级防护:

一级数据:应用和数据存储分离并进行隔离(系统本体实现),通过大数据安全防护系统可支持用户在大数据平台中记录数据访问日志、数据安全日志、用户登录日志、用户操作日志、平台服务日志、非法访问日志、边界访问日志等(大数据审计),定期备份数据并验证,确保数据可恢复(数据备份)。

二级数据:应用和数据存储分离并进行隔离(系统本地实现);通过大数据安全防护系统可支持用户在大数据平台中记录数据访问日志、数据安全日志、用户登录日志、用户操作日志、平台服务日志、非法访问日志、边界访问日志等(大数据审计);采用专业备份手段,至少每周对二级数据进行一次备份,并至少每月定期进行数据恢复演练验证,确保数据可恢复(数据备份);涉及二级数据的文件导出时应进行国密加密(系统本体实现、大数据安全防护系统加密或文档加密系统)。

三级数据:应用和数据存储分离并进行隔离(系统本体实现);通过大数据安全防护系统可支持用户在大数据平台中记录数据访问日志、数据安全日志、用户登录日志、用户操作日志、平台服务日志、非法访问日志、边界访问日志等(大数据审计);每天备份或实时备份,并实现异地备份,并至少每周定期进行备份数据的验证,确保数据可恢复(数据备份);涉及三级数据的文件导出时应进行国密加密(系统本体实现、大数据加密或文件加密系统);对存储在数据中心且低频使用的三级数据采用国密加密存储方式(大数据安全防护系统)。

②传统数据库存储场景分级防护:

一级数据:应用和数据存储分离并进行隔离(系统本体实现);开启操作系统、数据库、业务系统的日志记录能力,并使用数据库审计、数据库安全网关等安全审计系统进行数据操作行为记录(数据库审计、数据库安全网关);定期备份数据并验证,确保数据可恢复(数据备份)。

二级数据:应用和数据存储分离并进行隔离(系统本地实现);开启操作系统、数据库、业务系统的日志记录能力,并使用数据库审计、数据库安全网关等安全审计系统进行数据操作行为记录(数据库审计、数据库安全网关);采用专业备份手段,至少每周对二级数据进行一次备份,并至少每月定期进行数据恢复演练验证,确保数据可恢复(数据备份);涉及二级数据的文件导出时应进行国密加密(系统本体实现、大数据安全防护系统加密或文档加密系统);通过数据库安全扫描技术,针对主流数据库系统进行自动化的检测,以发现数据库中存在的安全风险(数据库扫描)。

三级数据:应用和数据存储分离并进行隔离(系统本体实现);开启操作系统、数据库、业务系统的日志记录能力,并使用数据库审计、数据库安全网关等安全审计系统进行数据操作行为记录(数据库审计、数据库安全网关);每天备份或实时备份,实现异地备份,并至少每周定期进行备份数据的验证,确保数据可恢复(数据备份);涉及三级数据的文件导出时应进行国密加密(系统本体实现、大数据加密或文件加密系统）；对使用频率低的三级数据库中的数据采用国密加密存储方式（系统本体实现、数据库加密或文件加密系统）；通过数据库安全扫描技术，针对主流数据库系统进行自动化的检测，以发现数据库中存在的安全风险（数据库扫描）。

③介质存储场景分级防护：

一级数据：将授权的存储介质进行分类标记，同时将未进行分类的存储介质进行行为审计。

二级数据：将授权的存储介质进行分类标记，同时将未进行分类的存储介质进行行为审计；使用介质管理系统将介质存储的数据进行加密处理（介质管理系统）。

三级数据：将授权的存储介质进行分类标记，同时将未进行分类的存储介质进行行为审计；使用介质管理系统将介质存储的数据进行加密处理（介质管理系统）。

（4）数据处理场景

系统中数据处理场景的安全，主要包含数据分析、数据运维、数据开发测试等场景。在平台建设充分汇聚各单位数据进行分析使用的场景下，其面临的数据安全风险也成倍增加。其关键是能够通过大数据安全防护技术、数据库访问控制技术、动态和静态脱敏技术、加解密技术、数据防泄露技术等来综合实现数据使用场景的全方位防护。

①数据分析场景分级防护：

一级数据：使用一级数据进行分析建模的终端部署统一的杀毒软件和终端管理软件（终端安全管理、防计算机病毒）。

二级数据：使用二级数据进行分析建模的终端，应明确区分内部主机，避免内部主机与互联网主机混用，并实行专机专用管理，保护终端隔离边界完整性（ISO 终端安全管理程序）；严控移动设备、移动介质的使用，严禁非法内联及非法外联（ISO 终端安全管理程序）；使用二级数据进行分析建模的终端部署统一的杀毒软件和终端管理软件（ISO 终端安全管理程序、防计算机病毒）；二级数据文件在终端加密使用有内容级监测，阅读文件时屏幕有水印（数据防泄漏）；涉及二级敏感数据使用前应进行评估，并采用脱敏技术使得数据降级后进行分析和处理（数据脱敏）。

三级数据：使用三级数据进行分析建模的终端，应明确区分内部主机，避免内部主机与互联网主机混用，并实行专机专用管理，保护终端隔离边界完整性（ISO 终端安全管理程序）；严控移动设备、移动介质的使用，严禁非法内联及非法外联（ISO 终端安全管理程序）；使用三级数据进行分析建模的终端部署统一的杀毒软件和终端管理软件（ISO 终端安全管理程序、防计算机病毒）；三级数据文件在终端使用有内容级监测，阅读文件时屏幕有水印（数据防泄漏）；涉及三级敏感数据使用前应进行评估，并采用脱敏技术使得数据降级后进行分析和处理（数据脱敏）。

②数据运维场景分级防护。

一级数据：对一级数据进行运维时，运维终端部署统一的杀毒软件和终端管理软件（ISO 终端安全管理程序、防计算机病毒）；将管理员与非管理员权限进行划分，同时审计管理员与非管理员的操作日志，并定期对记录开展审计（运维审计）：

二级数据：对二级数据进行运维的终端，应明确区分内部主机，避免内部主机与互联网主机混用，并实行专机专用管理，保护终端隔离边界完整性（ISO 终端安全管理程序）；严控移动设备、移动介质的使用，严禁非法内联及非法外联（ISO 终端安全管理程序）；对二级数据进行运维的终端部署统一的杀毒软件和终端管理软件（ISO 终端安全管理程序、防计算机病毒）；二级数据文件在终端加密使用有内容级监测，阅读文件时屏幕有水印（数据防泄漏）；涉及二级敏感数据操作前应进行评估，并采用脱敏技术使得数据降级后进行处理（数据脱敏）；将管理员与非管理员权限进行划分，同时审计管理员与非管理员的操作日志，并定期对记录开展审计（运维审计）。

三级数据：严禁通过互联网及 VPN 形式的远程运维操作，必要的互联网及 VPN 形式的远程运维应每次独立审批，并通过技术手段实现双人共管；对三级数据进行运维的终端，应明确区分内部主机，避免内部主机与互联网主机混用，并实行专机专用管理，保护终端隔离边界完整性（ISO 终端安全管理程序）；严控移动设备、移动介质的使用，严禁非法内联及非法外联（ISO 终端安全管理程序）；对三级数据进行运维的终端部署统一的杀毒软件和终端管理软件（ISO 终端安全管理程序、防病毒）；三级数据文件在终端使用有内容级监测，阅读文件时屏幕有水印（数据防泄漏）；涉及三级敏感数据操作前应进行评估，并采用脱敏技术使得数据降级后进行处理（数据脱敏）；将管理员与非管理员权限进行划分，同时审计管理员与非管理员的操作日志，并定期对记录开展审计（运维审计）。

③数据开发测试场景分级防护：

一级数据：对一级数据进行开发测试时，终端部署统一的杀毒软件和终端管理软件（ISO 终端安全管理程序、防计算机病毒）。

二级数据：对二级数据进行开发测试的终端，应明确区分内部主机，避免内部主机与互联网主机混用，并实行专机专用管理，保护终端隔离边界完整性（ISO 终端安全管理程序）；严格控制系统开发、测试的安全管理，严禁直接使用原始数据进行开发测试工作，严禁在正式运行环境中进行开发、测试，必须使用原始数据的，须经过严格的风险评估及审批，并采用完全隔离的开发、测试环境，禁止任何形式的数据导出操作，确保开发测试完成后一周内销毁相关数据，对销毁方式及过程进行记录及确认；严控移动设备、移动介质的使用，严禁非法内联及非法外联（ISO 终端安全管理程序）；对二级数据进行开发测试的终端部署统一的杀毒软件和终端管理软件（ISO 终端安全管理程序、防计算机病毒）；二级数据文件在终端加密使用有内容级监测，阅读文件时屏幕有水印（数据防泄漏）；涉及二级敏感数据开发测试前应进行评估，并采用脱敏技术使得数据降级后进行处理（数据脱敏）。

三级数据：严禁开发测试中直接使用三级数据，必须经过脱敏或加密操作，确保开发测试完成后一周内销毁相关数据，对销毁方式及过程进行记录及确认；应明确区分内部主机，避免内部主机与互联网主机混用，并实行专机专用管理，保护终端隔离边界完整性（ISO 终端安全管理程序）；严控移动设备、移动介质的使用，严禁非法内联及非法外联（ISO 终端安全管理程序）；　对三级数据进行开发测试的终端部署统一的杀毒软件和终端管理软件（（ISO 终端安全管理程序、防计算机病毒）；三级数据文件在终端加密使用有内容级监测，阅读文件时屏幕有水印（数据防泄漏）；涉及三级敏感数据开发测试前应进行评估，并采用脱敏技术使得数据降级后进行处理（数据脱敏）。

（5）数据交换场景

系统中数据交换场景的安全，一方面指各业务模块间通过数据检索、统计信息、事件共享、主题数据等接口进行交互的场景，另一方面指与外部组织进行离线数据交换的应用场景。

①系统间共享交换场景分级防护：

一级数据：对全部访问进行记录和审计（大数据审计、数据库审计）；所有交换的一级数据通过大数据安全防护系统、数据库安全网关进行管理，对数据使用方进行身份认证（大数据安全防护、数据库安全网关）。

二级数据：对全部访问进行记录及定期人工审计（大数据审计、数据库审计）；所有交换的二级数据通过大数据安全防护系统、数据库安全网关进行管理，对数据使用方进行双因素身份认证（大数据安全防护、数据库安全网关）；对系统间数据调研接口实现基于内容级的访问控制（大数据安全防护、数据库安全网关）。

三级数据：对全部访问进行记录及定期人工审计（大数据审计、数据库审计）；所有交换的三级数据通过大数据安全防护系统、数据库安全网关进行管理，对数据使用方进行双向双因素身份认证（大数据安全防护、数据库安全网关）；对系统间数据调研接口实现基于内容级的访问控制（大数据安全防护、数据库安全网关）。

②离线数据交换场景分级防护：

一级数据：对文件服务器发送的文件进行内容级监测（数据防泄漏）；所有导出内部的一级数据通过数据共享交换平台或专用文件服务器进行统一管理，对数据使用方进行身份认证（自建文件服务器或数据共享交换平台）。

二级数据：对外交换二级数据的场景中，应采用脱敏或加密等措施，保护数据保密性，无法执行脱敏或加密时，应进行安全风险评估，确保数据接收方具备等同的数据安全保护能力；　对文件服务器发送的文件进行内容级监测（数据防泄漏）；所有导出内部的二级数据通过数据共享交换平台或专用文件服务器进行统一管理，对数据使用方进行身份认证（自建文件服务器或数据共享交换平台）；应对对外交换的文件注入标签水印及敏感信息指纹，确保数据的使用过程可追溯（数据防泄漏）。

三级数据：严格控制数据使用和交换共享，内部使用中必须在保护环境内进行，严禁直接对外交换、共享，须采用严格的脱敏方法进行脱敏及脱敏效果验证，并经过全面的安全评估后使用；对文件服务器发送的文件进行内容级监测（数据防泄漏）；所有导出内部的三级数据通过数据共享交换平台或专用文件服务器进行统一管理，对数据使用方进行身份认证（自建文件服务器或数据共享交换平台）；应对对外交换的文件注入标签水印及敏感信息指纹，确保数据的使用过程可追溯（数据防泄漏）。

（6）数据销毁场景

数据销毁阶段，安全防护的主要目标是确保销毁的可靠性，保障销毁数据的机密性。这期间，容易因介质管理不善、数据或文件销毁不彻底，甚至管理员主动外流造成数据泄露。

①数据销毁场景分级防护：

一级数据：建立数据销毁策略和管理制度，明确销毁对象和流程。

二级数据：建立数据销毁策略和管理制度，明确销毁对象和流程；针对业务流程中的产生的缓存数据、介质中的临时数据进行及时擦除，应采用可靠技术手段（删除数据或者格式化，重复写入数据，再删除数据或者格式化）保证信息不可被还原，并建立数据销毁效果评估机制，对销毁效果验证及认定。

三级数据：建立数据销毁策略和管理制度，明确销毁对象和流程；针对业务流程中的产生的缓存数据、介质中的临时数据进行及时擦除，应采用可靠技术手段（删除数据或者格式化，重复写入数据，再删除数据或者格式化）保证信息不可被还原，并建立数据销毁效果评估机制，对销毁效果验证及认定。

②介质销毁场景分级防护：

一级数据：建立介质销毁策略和管理制度，明确销毁对象和流程。

二级数据：建立介质销毁策略和管理制度，明确销毁对象和流程；销毁存储二级数据的介质时，必须履行清点、登记手续，经严格的审批方可开展，严禁私自销毁；销毁存储二级数据的介质时，应当有相关人员在场监销，并由监销人员和销毁人员共同签名，禁止将介质当作废品出售；销毁磁介质、光盘等秘密载体，应当彻底销毁，必要时采取粉碎、烧毁或化学腐蚀等方式进行（介质销毁装置）。

三级数据：建立介质销毁策略和管理制度，明确销毁对象和流程；销毁存储三级数据的介质时，必须履行清点、登记手续，经严格的审批方可开展，严禁私自销毁；销毁存储三级数据的介质时，应当有相关人员在场监销，并由监销人员和销毁人员共同签名，禁止将介质当作废品出售；销毁磁介质、光盘等秘密载体，应当彻底销毁，必要时采取粉碎、烧毁或化学腐蚀等方式进行（介质销毁装置）。

结语

受全球气候变化和城市化快速发展的双重影响，城市的洪涝灾害越发频繁，已经严重影响城市的可持续发展。同时随着信息技术的快速发展，GIS、BIM、互联网、物联网、4G/5G、北斗卫星、大数据、云计算等新技术手段得到大规模应用，有力推动了水务智慧化发展，智慧水利已经成为未来水务发展的必经之路。尤其是2021年水利部提出建设数字孪生流域及印发《数字孪生流域建设技术大纲（试行）》等一系列文件之后，整个行业内部全面开展以数字孪生水利（流域、水网、水利工程）为核心的智慧水利研究工作。

如何在城市防汛减灾工作中利用数字孪生、智慧水务的成果，提升防汛减灾"四预"能力，一直是我们努力的方向。

深圳市水务科技发展有限公司的作者团队基于城市防汛减灾的实际需求，开展针对性的关键技术应用，结合数字孪生的技术框架，以城市水务防汛决策支持系统为应用实例，从物联感知、传输网络、数字孪生平台、云平台、业务应用、信息安全等方面进行了技术示范，对智慧水务、数字孪生在防汛减灾的场景应用进行了有意义的探索。

未来，我们将继续以数字孪生、大数据、人工智能等技术为核心，对水务防汛决策支持系统进行技术改造，增强系统的科技性，思考在智慧城市中的场景融合应用，辅助对城市应急事件的决策支持，不断提高系统的实用性，以便在城市防汛治理、智慧城市管理等问题上持续发挥作用。

致谢

　　感谢深圳市水务局、深圳市水务科技信息中心、深圳市公明供水调蓄工程管理处、深圳市水文水质中心、深圳市水务规划设计院股份有限公司等单位对本书研究工作给予的大力支持。